高职高专系列教材

# VB 开 发 技 术

## 浦晓妮　赵　睿　主编

中国石化出版社

## 内 容 提 要

本书以 Visual Basic 6.0 为背景,围绕信息管理系统的开发过程,以真实项目"学生成绩管理系统"为教学载体组织教材,引入完整真实的实际项目,较好地解决了理论与实践的整合,以必需、够用为原则安排理论知识,着力加强技能训练;并且在技能扩展部分根据近年高职教育"以赛促教,以赛促学"的指导思想,选取"创新杯"管理信息系统的竞赛题目供有能力、有更大提升空间的学生进一步拓展。

本书内容丰富,理论性知识与技能性操作系统全面,以实用为主,重点突出。可作为职业院校计算机及相关专业的教材,也可作为本专科学生课程设计、毕业设计以及自学者的参考资料。

**图书在版编目(CIP)数据**

VB 开发技术 / 蒲晓妮,赵睿主编.
—北京:中国石化出版社,2013.1
高职高专系列教材
ISBN 978 - 7 - 5114 - 1892 - 0

Ⅰ.①V… Ⅱ.①蒲… ②赵… Ⅲ.①BASIC 语言 - 程序设计 -
高等职业教育 - 教材 Ⅳ.①TP312

中国版本图书馆 CIP 数据核字(2012)第 292128 号

**中国石化出版社出版发行**
地址:北京市东城区安定门外大街 58 号
邮编:100011   电话:(010)84271850
读者服务部电话:(010)84289974
http://www.sinopec-press.com
E-mail:press@ sinopec.com
北京柏力行彩印有限公司印刷
全国各地新华书店经销
*
787 × 1092 毫米 16 开本 14 印张 342 千字
2013 年 1 月第 1 版   2013 年 1 月第 1 次印刷
定价:35.00 元

# 前　言

本书以 Visual Basic 6.0 为背景，在高职高专教材"项目驱动、案例教学、理论实践一体化"教学思想指导下，结合多年教学经验及知识与技能的积累，以及近年来实行理论实践一体化教学和基于工作过程的教学成果，将教学与软件开发的实际过程紧密地联系在一起。以真实的"学生成绩管理系统"软件项目为基础，经过精心设计，将项目分解为多个既独立又具有一定联系的任务。学生在完成任务的过程中，掌握 VB 程序设计的知识；教材注重理论实践一体化，将教师的知识讲解和操作示范与学生的技能训练放在同一教学单元和教学地点完成，融"教、学、练"于一体，体现"在做中学、学以致用"的教学理念。通过具体任务的完成，学习相关操作技能和理论知识，只要读者能按照教材的任务一个一个来做，就能完成一个完整的信息管理系统的开发，进而具备使用 Visual Basic 开发应用程序的基本能力。

本书围绕信息管理系统的开发过程，以"学生成绩管理系统"为载体，从系统分析直到设计实现，打包发布，共给出了十四个任务。前十三个任务每个任务都给出任务目标，任务分析，过程演示，知识要点，学生操作，任务考核，知识扩展。这样使读者明确学习目标，在过程演练中学习技能操作，相关知识点对完成任务所用到的理论知识给予了补充，使读者在掌握操作技能的同时，对所需理论知识有对应的学习，针对性比较强，目标明确，技能和操作理论知识都容易掌握；学生操作部分主要是对所学操作技能和理论知识的强化，通过模仿、扩展和完善项目任务，进一步提高编程技能。任务考核是对于每一任务所涉及知识与技术考核要求及分值分布。知识扩展部分主要是对任务中相关的理论知识的补充和扩展，用来满足有更高要求的学生的学习，这部分的学习有助于读者进一步完善理论知识体系，当然就整个项目的实现来说，这部分可作选学内容。

本书的编排考虑到读者的层次不同，对系统的实现采用由简单方法到综合应用逐步进阶，设计注重包含管理信息系统通用模块，实现侧重数据细节问题处理。第十四个任务给出一个图书信息管理系统的分析与设计，以及系统的设计文档所包含的主要内容，属于综合应用部分。本书主要有以下特色：

（1）采用"以工作任务为中心，以项目为载体"的教学模式，将软件开发知识与 VB 程序设计知识相结合，以软件开发过程展开教材内容。

（2）以真实项目"学生成绩管理系统"为教学载体组织教材，经过精心设计，将项目分解为多个既独立又具有一定联系的任务；合理淡化理论，注重实践，引入完整真实的实际项目，较好地解决了理论与实践的整合，以必需、够用为原则安排理论知识，着力加强技能训练，学生在完成任务的过程中学习 VB 软件开发技术。

（3）融"教、学、做"于一体，体现"在做中学、边做边学"的教学理念，每个任务设计将教师的知识讲解和操作示范与学生的技能训练融为一体，体现理论实践一体化的教学理念。

参加本书编写的还有杨国颖、王萌、李模刚、张贵强老师，在编写过程中兰州石化职业技术学院副院长宋贤钧教授、信控系系主任任泰明教授以及文辉副教授都提出了许多宝贵意见，在此对他们的大力支持和帮助表示衷心感谢。

由于作者水平有限，书中疏漏之处在所难免，欢迎广大读者批评指正，使本书得到改进和完善。

# 目　　录

## 任务一　系统分析与设计

## 任务二　登录界面设计

## 任务三　登录功能实现

## 任务八　基础信息管理

## 任务九　成绩录入与查询

# 任务十　数据维护

## 任务十一　数据统计报表

## 任务十二　快速启动界面

# 任务十三　应用系统的发布

# 任务十四　信息系统开发综合应用

# 附 件

# 任务一 系统分析与设计

## 一、任务目标

### 1. 功能目标

设计一个某高校学生成绩管理系统，具体任务要求如下：

（1）设计符合系统要求的数据库、表及表结构，尽量减小数据冗余度；

（2）合理划分功能模块，实现学生基本信息、课程信息、成绩信息、专业信息和学院等信息的录入、修改、删除、查询、统计和打印功能，并完成用户管理和数据的备份与恢复功能；

（3）按超级用户、普通教师、学生用户三类角色划分使用系统的权限。超级用户具有使用系统全部功能的权限；教师用户具有对自己所任课程的课程成绩的录入，以及班级成绩的浏览功能；学生用户具有查询自己所有信息的权限，但不能查询其他同学的信息；

（4）界面良好，使用方便，具有容错功能和帮助功能。

### 2. 知识目标

（1）掌握管理信息系统开发的一般过程；

（2）理解软件生命周期的概念；

（3）了解面向对象的基本思想。

### 3. 技能目标

（1）能利用软件开发的基本思想对应用系统做需求分析；

（2）能利用软件开发的基本思想对应用系统做总体设计；

（3）根据应用系统功能要求设计应用系统架构。

## 二、任务分析

根据系统功能要求，设计系统实现效果及功能展示如下：

（1）启动系统，登录主界面。

① 运行系统，系统会出现如图 1.1 所示启动界面。

② 系统登录：启动界面显示 3 秒种后自动关闭，出现如图 1.2 所示登录界面。要求用户输入用户名、密码、选择用户类别，三者完全正确则进入系统主界面，如果连续输入错误 3 次，再无权进入系统，系统自动结束。

③ 系统主界面：用户登录成功，进入系统主界面，如图 1.3 所示。系统菜单中包括了系统中的所有功能，为方便用户操作在工具栏中列出了系统的常用功能，在状态栏中显示了当前登录的用户以及当前系统信息。

图 1.1　系统启动界面

图 1.2　系统登录界面

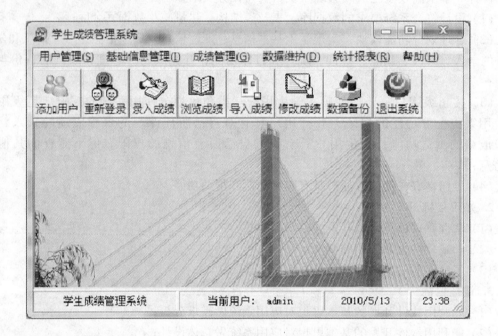

图 1.3　系统主界面

（2）系统管理模块：系统管理主要的功能有添加用户、密码维护、重新登录和退出系统。

① 添加用户模块：添加用户界面如图 1.4 所示，添加用户信息首先是用户名、密码以及确认密码不能为空，且密码与确认密码必须一致，选择用户类别，根据所选用户类别自动显示用户权限。然后单击"确定"按钮，判定所添加的用户是否已存在，如果存在则提示"该用户已存在"，否则添加成功。

② 密码维护模块：密码维护模块界面如图 1.5 所示，密码维护模块主要是用户对于密码的修改，此功能只是针对当前登录用户而言的，所以用户名不能修改。只有旧密码输入正确，新密码与确认密码一致才能修改成功。

③ 重新登录模块：重新登录功能与登录模块基本一样，在此不再阐述。

④ 退出系统：选择此菜单项直接退出系统。

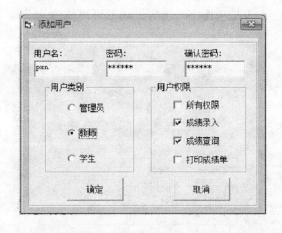 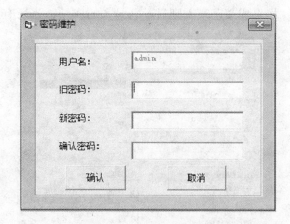

图 1.4　"添加用户"窗口　　　　　　　　　图 1.5　"密码维护"窗口

（3）基础信息管理模块：基础信息管理包括学生信息管理、院系专业信息管理、班级信息管理以及课程信息管理。

① 学生信息管理模块：学生信息管理界面如图 1.6 所示，在该窗口可以对学生信息进行添加、删除、修改操作。

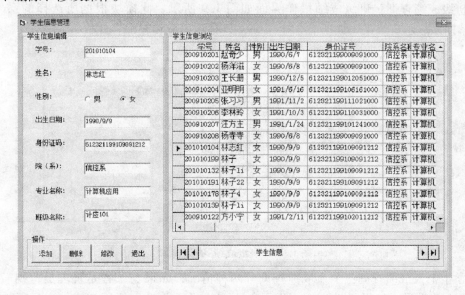

图 1.6　"学生信息管理"窗口

② 系部专业管理模块：系部专业信息管理操作界面如图 1.7 所示，可以对系的信息进行相关的管理，专业的管理与系是相关的。

③ 班级信息管理以及课程信息管理操作及界面设计类似于学生信息设计和系部专业信息设计。

（4）成绩管理模块：包括成绩录入、成绩查询（班级成绩查询和学生个人成绩查询）以及学生成绩修改。

① 成绩录入模块：成绩录入界面如图 1.8 所示。如果登录用户是管理员，则有权输入所有课程的成绩，如果是普通教师，则可录入的课程成绩是该教师所担任的课程。成绩输入学生名单是根据课程所对应的具体班级来决定的。如果成绩没有输入，则成绩一栏是空的，

如果成绩已录入则显示已录入的成绩，当所有成绩录入完成并确认后，则不可再修改。

 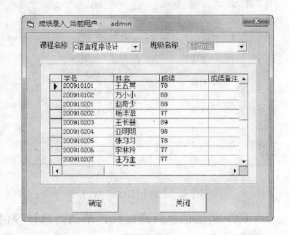

图 1.7   "系部专业信息"管理窗口        图 1.8   "成绩录入"窗口

② 成绩查询模块：

a. 班级成绩查询：班级成绩操作界面如图 1.9 所示，此模块根据所选择的系、专业、班级和学期来显示班级某学期所有学生成绩，只有管理员和教师有此权限。

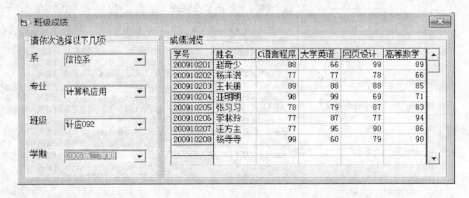

图 1.9   "班级成绩"查询窗口

b. 学生个人成绩查询：个人成绩查询分两种情况，如果登录者是管理员，则需要输入所查询学生的学号；如果是学生用户登录，则直接显示此学生的所有成绩，运行效果如图 1.10 所示。

③ 学生成绩修改：此功能只有管理员可以操作，输入对应学生的学号和课程名对其成绩进行更改。

（5）数据维护模块：此模块包括数据备份、数据恢复以及数据导出和数据导入。

① 数据备份：此功能可以进入数据库的备份，操作界面如图 1.11 所示。选择文件备份的驱动器及文件夹，单击"开始备份"按钮，进入数据备份。

② 数据恢复：此功能与备份相对应，操作界面如图 1.12 所示。通过"打开"按钮，选择备份文件的路径，文本框中显示备份文件的路径，单击"恢复"按钮，进行数据恢复操作。

图 1.10　"学生成绩"查询窗口

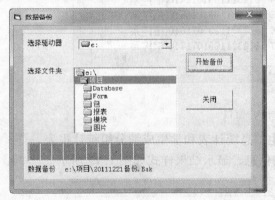

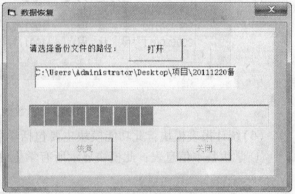

图 1.11　"数据备份"窗口　　　　　　　　　　图 1.12　"数据恢复"窗口

③ 数据导出：数据导出操作界面如图 1.13 所示，进入操作界面先选择要导出的数据

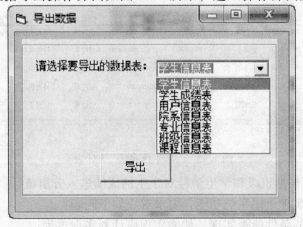

图 1.13　"导出数据"窗口

表，然后点击"导出"操作，所选表将以 Excel 文件的形式导出。

④ 数据导入：数据导入操作界面如图 1.14 所示，此功能是针对需要批量输入的数据，或已存在的 Excel 数据而设定的。通过选择需导入的数据以及所需导入的表名，可将数据导入到已在的数据库中。

图 1.14 "数据导入"窗口

（6）统计报表模块：此功能模块主要包括学生信息统计表和学生成绩分组统计报表。

① 学生基本信息表：此模块显示所有学生的信息，显示结果样式如图 1.15 所示。

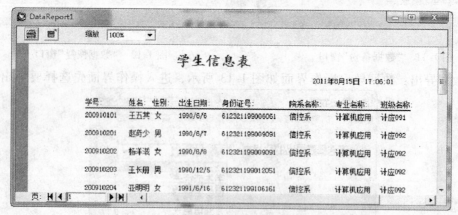

图 1.15 "学生信息表"统计表

② 学生成绩表：根据班级和学生学号对学生的成绩进入分组统计。

在任务分析中要实现上述系统功能，要求解决如下问题：

（1）分析以当前的条件能否实现，如能实现应计划实现过程；

（2）确定系统总结设计；

（3）选择应用系统开发工具和数据库工具；

（4）掌握如此 VB 软件开发技术；

（5）如何实现应用系统，运行测试；

（6）怎样维护和完善应用系统。

# 三、过程演示

## 1. 制定系统开发计划

对所要解决的问题进行总体定义，包括了解用户的要求及现实环境，从技术、经济和社会因素三个方面研究并认证本软件项目的可行性，编写可性行研究报告，探讨解决问题的方案，并对可使用的资源（如计算机硬件、系统软件、人力等）成本、可取得效益和开发进展作出估计，制订完成开发任务的实施计划。

## 2. 系统需求分析

分析当前正在运行的系统物理模型，根据用户对系统设计的要求以及实际调查了解，总结归纳出系统的主要功能，即对系统功能分析与设计，如图 1.16 所示。

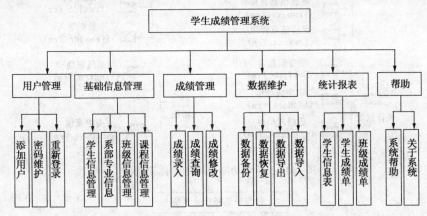

图 1.16 学生成绩管理系统的功能

## 3. 系统设计阶段

经过需求分析阶段的工作，系统必须"做什么"已经清楚了，接下来就是决定"怎么做"。在设计阶段设计软件系统结构，首先确定系统中每个程序是由哪些模块组成的，以及这些模块相互间的关系，并且要设计数据结构，然后确定怎样具体地实现所要求的系统。

（1）学生成绩管理系统架构图：为了使读者理解本系统，这里给出一个文件构架图，用来表明 Visual Basic 程序中各个窗体的作用及其相互之间的关系，系统主文件架构图如图 1.17 所示。

（2）各个模块的文件架构图：各个模块的文件架构图如图 1.18 所示。

（3）系统基本处理流程：系统的基本处理流程是根据不同身份的用户可进行的操作不同，处理流程如图 1.19 所示。

## 4. 系统编码阶段

选择适当的工具编码将软件设计的结果转换成计算机可以接受的程序，即实现系统功

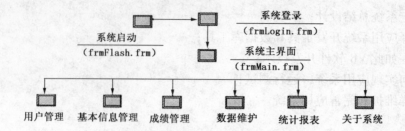

图 1.17　系统架构图

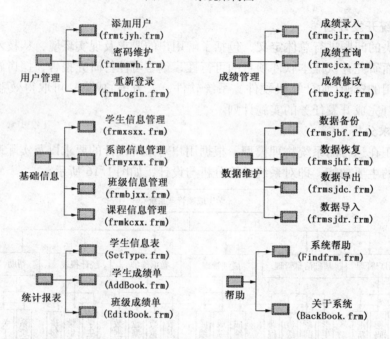

图 1.18　各个功能模块的文件架构图

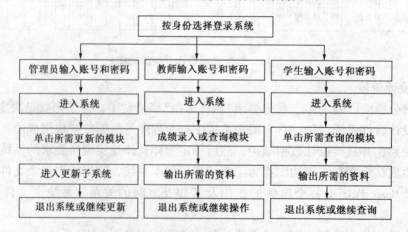

图 1.19　各个功能模块的文件架构图

能。本系统使用 Visual Basic 6.0 以及数据库使用的是 Miscrosoft Access。

### 5. 系统测试阶段

选择不同的测试方法，设计测试用例尽可能多地发现系统存在的错误并进行相应的修改。

**6. 系统维护阶段**

在已完成的软件的研制工作并交付使用以后，根据软件运行情况，对软件进行适当修改，以适应新的要求，纠正运行中发现的错误。

# 四、知识要点

## 1. 软件生命周期

软件生命周期方法学是传统的软件工程方法学，也称结构化方法学或数据流建模方法学，这种方法学把从计划开发软件到软件开发成功使用软件，最后一直到软件报废，分成若干个时期，每个时期又分成若干个阶段。前一阶段任务完成后，后一阶段才能开始。每一个阶段都有严格的开始条件和结束标准，任何相邻的两个阶段，前一个阶段的结束标准就是后一个阶段的开始条件。每个阶段都有严格的技术审查和管理复审。

软件生命周期方法学把软件开发和维护分成软件定义、软件开发和维护三个时期，每个时期又分成若干个阶段。

（1）软件定义时期。确定软件开发必须完成的任务：论证软件的可行性、确定用户需求的详细功能和性能。这个时期可以划分为三个阶段：问题定义、可行性研究和需求分析。

（2）软件开发时期。设计和实现软件的定义。软件开发时期包括四个阶段：总体设计、详细设计、编码及单元测试和综合测试。

（3）软件维护时期。软件维护是对投入使用的软件的修改，实际上是对软件的一次重新定义和开发过程。维护要解决的问题有纠正软件中的错误、修改软件的功能、增加新的功能、当计算机环境改变时修改软件以适应新的环境等。

软件生命周期方法学把软件开发人员分为三个层次，高级开发人员是系统分析员，其次是软件工程师，最后是程序员，他们在不同的开发时期担负不同的角色。系统分析员在软件定义时期起主要作用，软件工程师和程序员是软件开发和维护时期的核心力量。

（1）问题定义：在问题定义阶段，软件开发人员应该清楚："要解决什么问题"。

（2）可行性研究：知道了要解决的问题，在这个阶段应该清楚"用什么办法解决这个问题"，保证在技术上、实效上、法律上都是行得通的。

（3）需求分析：确定软件的功能和性能。用户要清楚开发出的软件系统能够做什么；软件开发人员也应该清楚用户的具体要求是什么。

（4）总体设计：设计软件的总体结构，将一个大系统按照功能设计成小模块，每个模块完成一个相对独立的小功能。总体设计有时也称概要设计。

（5）详细设计：这个阶段还不是编写程序，是对每个模块设计具体的算法和数据结构，可以包括具体细节，类似于工程设计中的施工图纸。详细设计有时也称模块设计。

（6）编码及单元测试：这个阶段的主要任务是根据详细设计的结果，用一种程序设计语言，编写正确的源程序，并且对每段程序进行严格测试。要求源程序容易理解、容易维护。

（7）综合测试：通过测试使软件系统达到用户的要求，最基本的测试是集成测试和验收测试。集成测试是在把模块联结成系统的过程中，每联结若干个模块都进行必要的测试。验收测试是根据用户使用说明书，在用户的参与下对软件系统进行测试。

（8）软件维护：软件投入运行后通常有四类维护活动：改正性维护、适应性维护、完善性维护、预防性维护。改正性维护是纠正软件中的错误；适应性维护是修改软件让其适应计算机硬件(或操作系统)环境的变化；完善性维护是根据用户的要求改善或扩充功能；预防性维护是为将来的维护做准备。

**2. 面向对象的软件开发**

面向对象的软件开发和传统的软件开发方法不同，它是一种基于现实世界抽象的新的软件开发方法。在面向对象的软件开发中，软件生命周期又可分为以下几个阶段。

(1) 系统分析阶段：在这个阶段，需要建立一个反映现实世界情形的模型。为了建立这个模型，需要分析员和需求人员共同明确现实世界中的问题，这个模型应该解决系统必须做什么，而不是怎么做的问题，分析之后将得到分析模型：对象模型、动态模型和功能模型。

(2) 系统设计阶段：这个阶段需要给出怎么样解决问题的决策，包括将系统划分成子系统和子系统软硬件如何配置，确定系统的整体框架结构。

(3) 对象设计阶段：该阶段将应用领域的概念转换为计算机软件领域的概念，在系统分析阶段所定义的问题，在这个阶段来确定解决问题的办法。将分析模型的逻辑结构映射到一个程序的物理组织，得到设计模型。

(4) 实现阶段：在这个阶段，将在对象设计阶段开发的类转换成用特定的程序设计语言编写的代码或数据库。

(5) 测试阶段：传统软件开发的测试通常经过单元测试、集成测试、系统测试三个环节。由于面向对象有其自身的特点，参考面向对象软件开发模式，面向对象开发测试包括对象分析的测试、面向对象设计的测试、面向对象编程的测试、面向对象单元测试、面向对象集成测试和面向对象系统测试。

# 五、学生操作

设计一企业仓库管理系统，基本要求：设计思路清晰、创意新颖、模块划分合理、功能完善、界面良好、使用方便、具有容错功能。具体要求如下：

(1) 设计符合系统要求的数据库、表及表结构，尽量减小数据冗余度。

(2) 合理划分功能模块，实现货物基本信息的录入、修改、查询和删除；实现货物入库和出库登记、修改、查询、删除、浏览功能；实现库存货物信息查询、修改、浏览功能；按月实现入库、出库和库存货物信息的统计和打印功能，并完成用户管理、数据的备份与恢复等功能。

(3) 按超级用户和普通用户两类角色划分使用系统的权限。超级用户具有使用系统全部功能的权限；普通用户只具有查询信息的权限，不能录入、修改和删除信息。

(4) 超级用户账号为"admin"，密码为"123456"。

(5) 输入模拟数据以体现系统功能。

(6) 主控程序的文件名为"企业仓库管理系统"。

# 六、考核方案

本课程操作性、实际性强，适合采用理实一体化教学模式，在教学过程中，对学生的成绩进行过程化考核。即时考核学生在每个阶段、每个子任务开发中的成果。主要针对学生完成任务过程中的动态工作做出评价，主要包括学生项目开发评价、工作过程评价、学生自评价和教师综合评价4项。这四项所占分值的情况见表1.1。

### 表 1.1 《VB 开发技术》总评分表

班级： 学号： 姓名： 项目开发小组：

| 考核项目 | 项目开发评价 | 工作过程评价 | 学生自评价 | 教师综合评价 |
|---|---|---|---|---|
| 分值 | 50% | 25% | 5% | 20% |
| 得分 | | | | |
| 总分 | | | | |

项目开发评价主要包括学生学习过程对开发项目中每一任务的资料收集、整理与窗体设计，基本功能实现以及功能的扩展与完善进行评价。具体包含表 1.2～表 1.5 所示的内容。

### 表 1.2 《VB 开发技术》项目开发评价标准

班级： 学号： 姓名： 项目开发小组：

| 指标名称 | 指 标 内 容 | 分值 | 评分 |
|---|---|---|---|
| 1. 数据库及数据结构设计<br>2. 系统功能设计与实现<br>3. 系统界面设计<br>4. 安全性、错误及异常处理<br>5. 程序设计技巧、设计创意<br>6. 使用者满意度 | 任务一：系统分析与设计 | 6 | |
| | 任务二：登录界面设计 | 5 | |
| | 任务三：登录功能实现 | 6 | |
| | 任务四：数据库的设计与实现 | 5 | |
| | 任务五：用户验证 | 8 | |
| | 任务六：系统主界面设计 | 8 | |
| | 任务七：用户管理 | 8 | |
| | 任务八：基础信息管理 | 13 | |
| | 任务九：成绩管理 | 15 | |
| | 任务十：数据维护 | 12 | |
| | 任务十一：数据统计报表 | 8 | |
| | 任务十二：快速启动界面 | 3 | |
| | 任务十三：应用系统的发布 | 3 | |
| 总分 100 分 | | 100 | |

注：项目开发考核细节见每一任务中的"任务考核"。

### 表 1.3 工作过程评价

班级： 学号： 姓名： 项目开发小组：

| 评 价 要 点 | 评分标准 | | | | |
|---|---|---|---|---|---|
| | 优<br>90～100 | 良<br>80～90 | 中<br>70～80 | 合格<br>60～70 | 不合格<br>60 分以下 |
| 与完成项目相关的材料收集工作 | | | | | |
| 项目实施过程记录 | | | | | |
| 参与小组讨论 | | | | | |
| 帮助其他同学 | | | | | |
| 项目演讲 | | | | | |
| 团队观念 | | | | | |
| 工作环境卫生 | | | | | |
| 出勤 | | | | | |
| 总评 | | | | | |

说明：

（1）如果有违纪（学院或系级），则工作过程评价为 0 分。

（2）如果出勤率低于 70%，则该设计项目总分不及格。

**表 1.4　学生自评价**

班级：　　　　　学号：　　　　　姓名：　　　　　项目开发小组：

| 编号 | 评价项目 | 评分标准 | | | |
|---|---|---|---|---|---|
| | | 优<br>8~10 | 良<br>6~8 | 中<br>4~6 | 差<br>2~4 |
| 1 | 学习态度是否主动，是否能及时完成教师布置的各项任务 | | | | |
| 2 | 是否完整地记录探究活动的过程，收集的有关学习信息和资料是否完善 | | | | |
| 3 | 能否根据学习资料对项目进行合理分析，对所制定的方案进行可行性分析 | | | | |
| 4 | 是否能够完全领会教师的授课内容，并迅速地掌握技能 | | | | |
| 5 | 是否积极参与各种讨论与演讲，并能清晰地表达自己的观点 | | | | |
| 6 | 能否按照实验方案独立或合作完成设计项目 | | | | |
| 7 | 对设计过程中出现的问题能否主动思考，并使用现有知识进行解决，知道自身知识的不足之处 | | | | |
| 8 | 通过项目训练是否达到所要求的能力目标 | | | | |
| 9 | 是否确立了安全、环保意识与团队合作精神 | | | | |
| 10 | 工作过程中是否能保持整洁、有序、规范的工作环境 | | | | |
| 总评 | | | | | |
| 改进方法 | | | | | |

**表 1.5　教师综合评价**

班级：　　　　　学号：　　　　　姓名：　　　　　项目开发小组：

| 编号 | 评价项目 | 评分标准 | | | |
|---|---|---|---|---|---|
| | | 优<br>8~10 | 良<br>6~8 | 中<br>4~6 | 差<br>2~4 |
| 1 | 学习目标是否明确 | | | | |
| 2 | 学习过程是否呈上升趋势，不断进步 | | | | |
| 3 | 是否能独立地获取信息，资料收集是否完善 | | | | |
| 4 | 能否清晰地表达自己的观点和思路，及时解决问题 | | | | |
| 5 | 安全、环保意识的确立与表现 | | | | |
| 6 | 是否能认真总结、正确评价完成项目情况 | | | | |
| 7 | 工作环境的整洁有序与团队合作精神表现 | | | | |
| 总评 | | | | | |
| 改进方法 | | | | | |

# 任务二　登录界面设计

## 一、任务目标

### 1. 功能目标

创建"登录界面"，当程序运行时，单击"登录"按钮，弹出"欢迎使用学生成绩管理系统"对话框，单击"取消"按钮，程序运行结束。

### 2. 知识目标

（1）掌握 Visual Basic(VB)应用程序开发过程；

（3）掌握标签、文本框、按钮和窗体的常用属性和方法。

### 3. 技能目标

（1）熟悉 VB 的集成开发环境；

（2）能熟练运用 VB 集成开发环境设计简单的登录界面。

## 二、任务分析

根据任务功能目标，要实现如图 2.1 所示用户界面，需要解决以下问题：

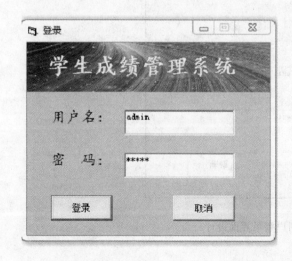
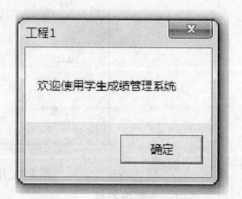

图 2.1　登录界面运行效果图

（1）如何创建一个 VB 应用程序；

（2）如何设计用户登录界面；

（3）如何运行才能展示运行效果。

## 三、过程演示

### 1. 新建工程

通过"开始"→"程序"→" Microsoft Visual Basic 6.0 中文版", 启动 Microsoft Visual Basic 6.0 中文版, 在"新建工程"的"新建"选项下点击"打开", 进入如图 2.2 所示界面。

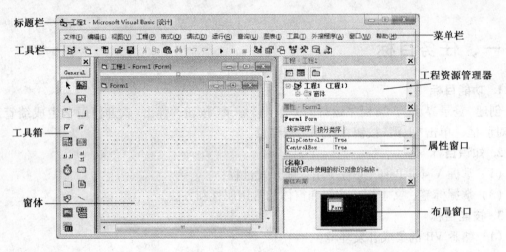

图 2.2　VB 集成开发环境

### 2. 界面设计

设计如图 2.3 所示的用户登录界面。

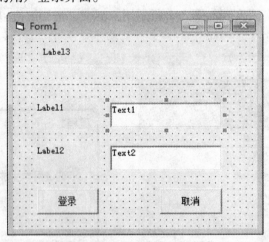

图 2.3　用户登录界面设计

（1）添加一个图像控件：

① 双击工具箱中的图像控件，将图像控件放置到窗体上。

② 调整图像控件的大小，并拖动到合适的位置，如图 2.3 所示。

（2）添加标签：

① 双击工具箱中的标签图标 **A**，将三个标签放置到窗体上。

② 调整标签的大小并拖动到合适的位置，如图 2.3 所示。

（3）添加两个按钮：

① 双击工具箱中的按钮图标▭，将两个按钮放置到窗体上。

② 拖动按钮到合适的位置，如图 2.3 所示。

**3. 属性设置**

（1）Form1 属性设置：选中 Form1"属性窗口"如图 2.4 所示。如果看不到属性窗口，可以通过选择菜单项"视图"→"属性窗口"选项打开该对话框，也可以在窗体上右击鼠标选择"属性窗口"打开。将 Form1 的 Caption 属性中的"Form1"改为"登录"，如图 2.4 和图 2.5 所示。将 MaxButton 属性中的 True 改为 False；BackColor 属性值设置，如图 2.6 所示。

图 2.4　Form1 属性窗口

图 2.5　Form1 的 Caption 属性设置

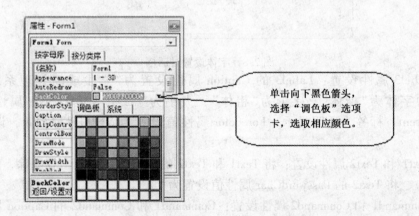

图 2.6　Form1 的 BackColor 属性设置

（2）Image1 属性设置：选中 Image1，设置属性 Stretch 的值为 True，属性 Picture 的设置如图 2.7 所示。

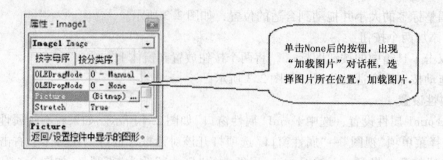

图 2.7　Image1 的 Picture 属性设置

（3）Label1 和 Label2 属性设置：Label1 和 Label2 分别将 Caption 属性设置为"用户名："和"密码："。因为这两个标签是相同类型的控件，有相同的属性，可以一同选择，一次性修改它们的共同属性。具体过程如下：按住"Ctrl"键不放，用鼠标分别单击这两个标签，选择好后，在属性窗口找到 Font 属性，在它的右边方格中单击鼠标左键，这时方格的右边会出现一个按钮。单击该按钮，打开"字体"对话框，如图 2.8 所示，其中字体选择"楷体"，字形选择"粗体"，字号大小选择"四号"，单击"确定"，字体设置完成。把两标签的 BackStyle 属性由 1 – Opaque 改为 0 – Transparent，标签为透明显示。

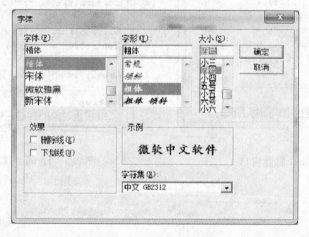

图 2.8　字体设置对话框

（4）Label3 属性设置：Label3 的 Caption 属性设置为"学生成绩管理系统"，设置 Font 属性的字体为"楷体"，字形为"粗体"，大小为"二号"；BackStyle 属性值设置为 0 – Transparent，标签为透明显示；Forecolor 属性值设置为 &H00FFFFFF&，设置方法同背景色设置。

（5）Text1 和 Text2 属性设置：将 Text1 和 Text2 的 Text 属性中的内容删除，即值分别设置为""（空），将 Text2 的 PasswordChar 属性值设置为"＊"。

（6）Command1 和 Command2 属性设置：Command1 和 Command2 的 Caption 属性分别设置为"登录"和"取消"。

对象属性设置结束后，属性如表 2.1 所示。

**4. 编写代码**

界面设计完成，应用程序还什么都不能做，通过编写代码给应用程序赋予指定的功能。双击窗体"登录"按钮，进入代码窗口，如图 2.9 所示，输入如图 2.10 所示内容。

表 2.1　用户登录界面属性表

| 对象名 | 属性名 | | 属性值 |
|---|---|---|---|
| Form1 | Caption | | 登录 |
| | BackColor | | &H00FFC0C0& |
| | MaxButton | | False |
| Image1 | Picture | | aa. jpg |
| Label1 | Caption | | 用户名: |
| | Font | 字体、字形、大小 | 楷体、粗体、四号 |
| Label2 | Caption | | 密码: |
| | Font | 字体、字形、大小 | 楷体、粗体、四号 |
| Label3 | Caption | | 学生成绩管理系统 |
| | BackStyle | | 0 – Transparent |
| | Forecolor | | &H00FFFFFF& |
| | Font | 字体、字形、大小 | 楷体、粗体、二号 |
| Text1 | Text | | (空) |
| Text2 | Text | | (空) |
| | PasswordChar | | * |
| Command1 | Caption | | 登录 |
| Command2 | Caption | | 取消 |

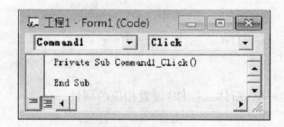

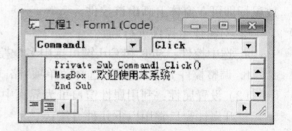

图 2.9　代码窗口　　　　　　　　　　图 2.10　"登录"按钮代码

单击代码窗口对象列表(Command1 后面的黑色小箭头),如图 2.11 所示,选择"Command2",代码窗口出现 Command2_ Click()事件框架,在光标处输入"End",如图 2.12 所示。

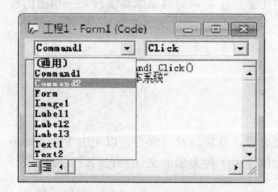

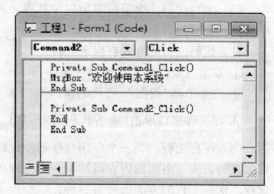

图 2.11　代码窗口对象列表　　　　　　图 2.12　"取消"按钮代码

**5. 运行应用程序**

选择菜单项"运行"→"启动"，在两个文本框中分别输入"admin"，显示如图 2.1 所示运行结果。

**6. 保存应用程序**

选择菜单项"文件"→"保存工程"，并按提示分别输入窗体文件名"frmlogin"及工程文件名"Sysstuscore"，单击"保存"按钮即可。

注意：保存工程结束后，保存位置存在两个文件，一个是后缀为".frm"的"frmlogin.frm"窗体文件，另一个后缀为".vbp"的是"Sysstuscore.vbp"工程文件，如果要将工程复制到其他位置运行，则必须将这两个文件都复制才可以，缺一不可，当然在后面的学习中还用有其他类型的文件。

# 四、知识要点

**1. VB 应用程序设计的步骤**

设计 VB 应用程序主要有以下几个步骤：设计用户界面、设置属性、编写代码、运行、调试和保存程序。

（1）设计用户界面：

① 向窗体上添加控件：向窗体上添加控件通常有两种方法。

a. 双击工具箱上的某个控件图标，该控件就自动添加到了窗体的中央。

b. 单击工具箱上的某个控件图标，将鼠标移到窗体的目标位置，画出所需的大小，释放鼠标即可在窗体上画出该控件。

② 对窗体上控件进行调整：

a. 选中控件：Shift 和 Ctrl 键可选中多个控件。

b. 调整控件大小及位置（选择菜单项"格式"）。

（2）设置属性：利用属性窗口可为界面中的对象（窗体或控件）设置相应的属性。

打开属性窗口常用以下几种方法：

① 选菜单项"视图"→"属性窗口"。

② 单击工具栏上的"属性"按钮 ☜ 。

③ 按 F4 键。

（3）编写代码：为了使应用程序具有一定的功能，还必须为对象编写实现某一功能的程序代码，编写代码要在"代码窗口"进行。

打开代码窗口的方式有以下几种：

① 双击对象，进入对象默认事件。

② 选菜单项"视图"→"代码窗口"。

③ 在工程窗口单击"查看代码"图标 ▥ 。

（4）保存工程：当一个应用程序初步设计完成后，就应该及时保存，以免由于意外而造成信息的丢失。由前面内容可知，一个工程可能包含了多种类型的文件，它们需要分别进行保存。保存工程的方法通常有三种：

① 执行菜单"文件"→"保存工程"命令。

② 点击工具栏的保存工程图标 💾 。

③ 执行菜单"文件"→"工程另存为"命令。

（5）运行程序：运行程序的方法通常有三种：

① 执行菜单"运行"→"启动"命令。

② 点击工具栏的启动图标 ▶ 。

③ 按 F5 键。

程序运行后若发现错误，编程者应该对错误及时修改，通过执行菜单项"运行"→"结束"命令或点击工具栏的结束图标 ■ ，可以使程序在执行的过程中被强制关闭，回到 VB 编辑环境中修改程序，反复进行调试，直到达到预期要求。

**2. 窗体**

窗体（Form）是构造用户界面的基本模块，是开发人员的"工作台"，窗体设计好以后，运行时每个窗体就是一个窗口。构建一个友好的窗体是创建应用程序的第一步。

（1）窗体的属性：

① Caption：设置在控件上显示的文字。本例中 Form1. Caption = "登录"，如果 Form1. Caption = ""即窗体标题不显示任何信息。

② ControlBox：设置窗体是否显示最大，最小及关闭按钮。本例 Form1. ControlBox = False，要求在窗体运行时不显示控制按钮。

③ MaxButton：设置窗体的最大化按钮是否可用。本例中窗体 MaxButton 值为 False，最大化按钮不能用。

④ BackColor：设置控件背景颜色，通常从"调色板"中选择颜色。

⑤ ForeColor：设置控件前景颜色。

⑥ BorderStyle：确定窗体边界类型，共有 6 种值：0—无边框、1—单线固定边框、2—双线可调边框（缺省值）、3—双线固定对话框（对话框专用）、4—单线固定工具窗口、5—单线可调工具窗口。

（2）窗体的常用事件：

① Load 事件：是指将控件（对象）自动装入工作区，并自动执行 Load 事件过程，对控件属性、变量进行初始化。窗体的 Load 事件在运行时将窗体装入工作区，并自动执行 Form_ Load( )过程。

② UnLoad 事件：运行程序后，单击窗体的关闭按钮，则触发 Unload 事件，并执行 Form_ Unload( )过程。在此事件中，常编写保护程序，用以提醒用户在退出该应用程序前保存数据，以避免数据丢失。

③ Click 事件：单击窗体触发此事件。

④ DbClick 事件：双击窗体触发此事件。

（3）窗体的常用方法：

① Print 方法：如 Form1. Print "ABCD" 在窗体上输出"ABCD"。

② Cls 方法：Form1. Cls 清除窗体上输出内容。

③ Show 方法：如 Form1. Show 显示 Form1。

④ Hide 方法：Form1. Hide 隐藏窗体 Form1。

**3. 图像框**

图像框（Image）控件 🖼 主要用来显示图片文件。

常用属性：

① Picture 属性：返回或设置控件中要显示的图片，设计时可从属性窗口中加载图片，在运行时，使用 LoadPicture 函数来加载位图（. bmp）、图标（. ioc）或元文件（. wmf）

② Stretch 属性：该属性用来指定一个图形是否要调整大小，以适应 Image 控件的大小。

True：图形要调整大小以便与控件相适合；

False：表示控件要调整大小与图形适合。

本例中 Stretch 的属性值为 False。图片大小以控件大小为准。

### 4. 标签

标签（Label）控件 **A** 用于显示在用户界面上不能被使用者修改的只读文字内容。

常用属性：

① Caption：设置控件上所显示的文字，同 Form。

② ForeColor：控件上所显示内容的颜色。

③ Font：设置控件上所显示文字的字体、字形、大小及郊果。

④ BackStyle：控件背景样式是否为透明的，有两个值：

0——Transparent 为透明，本例中将 BackStyle 的属性设置为 0；

1——Opaque 不透明（默认值）。

### 5. 文本框

文本框（Text）控件 ab 是 VB 中使用最为频繁的控件之一，它是一个文本编辑区域，程序运行时可以用来显示、输入、编辑文本，类似于一个简单的文本编辑器。

（1）常用属性：

① Text：设置或显示文本框内容。

该属性是文本框中最重要的属性，存放文本框中显示的实际文本。Text 属性有三种使用方法：

1）设计时在属性窗口中设置文本框初始显示的内容，默认内容为"Text1"。

在属性窗口中输入文本时，不能换行，即不能打回车键。

2）设计时通过代码设置。例如下列语句：

Text1. text = "Visual Basic 程序设计"

3）在运行时由用户直接在文本框中输入，编辑文本。

② MultiLine 属性：该属性决定是否支持文本框的多行显示。其属性值有以下两种：

True：支持多行显示，并具有自动换行的功能，按 Enter 键可插入一个空行；

False：不支持多行显示，默认设置。

③ ScrollBars 属性：该属性决定文本框是否有垂直或水平滚动条。其属性值有四种：

0——None：没有滚动条，默认设置；

1——Horizontal：文本框加水平滚动条；

2——Vertical：文本框加垂直滚动条；

3——Both：同时加水平和垂直滚动条。

只有当 MultiLine 属性被设置为 True 时，才能用 ScrollBars 属性在文本框中设置滚动条。此外，加入水平滚动条后，文本框内的自动换行功能会消失，只有按 Enter 键才能换行。

④ Lock 属性：该属性用来指定文本框中的内容是否允许被编辑。其属性值有以下两种：

False：允许编辑，默认设置；

True：不允许编辑，此时的文本框中的内容不能被改变。

⑤ SelStart、SelLength 和 SelText 属性：在程序运行中，当对文本框中的内容进行选择时，这三个属性用来标识用户选中的正文。

SelStart：确定选定正文的开始位置，第一个字符的位置为 0，以此类推；

SelLength：确定选定的正文的长度；

SelText：确定选定的正文内容。

⑥ PasswordChar 属性：在密码的应用中设置显示的字符，值只能是一个字符，本例为 " ＊ " 即表示输入文本框的内容以 " ＊ " 的形式显示。

（2）常用方法：SetFocus 方法：该方法是文本框最有用的方法，格式如下：〔对象 . 〕SetFocus。

该方法可以把光标移到指定的文本框中，当窗体上建立了多个文本框后，可以用该方法把光标置于所需要的文本框。

例如：窗体上有 Text1，Text2，Text3 三个文本框，执行 Text2. SetFocus，则光标在 Text2 文本框中。

（3）常用事件：

① Change 事件：当用户改变了文本框中的内容或通过代码改变了文本框的 Text 属性时，该事件就会触发，显然利用该事件可以跟踪文本框的内容变化以判断内容是否有更改。

② GotFocus 事件：文本框本身是可以接收焦点的，只有当文本框具有焦点时，用户才能对其进行编辑或输入。文本框获得焦点将引发 GotFocus 事件。

③ LostFocus 事件：一旦文本框失去焦点，将会引发 LostFocus 事件。利用该事件可以对文本框的内容更新进行确认或验证。

**6. 按钮**

命令按钮(Command)控件 几乎所有的应用程序中都要用到，它是用户与应用程序交互的最简单、最直接的手段。通过简单地单击按钮来执行相应的操作，同时该按钮看上去像真的被按下和弹起一样，非常直观。在程序中一般会同时使用到多个按钮。

（1）常用属性：

① Caption 属性：该属性的值就是命令按钮上的标题文字。如果在该属性值中有 "&" 字符，则 "&" 字符并不显示在命令按钮的表面，而是把紧接在它后面的字符定义为该命令按钮的快捷键。

② Default 属性：该属性决定命令按钮是否是 "默认按钮"，当一个按钮的 Default 属性值为 True 时，此按钮成为窗体的 "默认按钮"。

默认按钮是指当用户在窗口中按 Enter 键时，不管当前输入焦点在哪个控件上（不可接受 Enter 键操作的控件除外），都相当于单击了该按钮。默认按钮有较粗的边框，一个窗体上只能有一个按钮的 Default 属性为 True。

③ Cancel 属性：该属性决定命令按钮是否是 "取消按钮"，当一个按钮的 Cancel 属性值为 True 时，此按钮成为窗体的 "取消按钮"。

取消按钮是指当用户在窗口中按 Esc 键时，不管当前输入焦点在哪个控件上，都相当于单击了该按钮。一个窗体上只能有一个按钮的 Cancel 属性为 True。

④ Style 属性：该属性决定按钮的显示类型，共有两种(标准类型和图形类型)取值：

0——Standard：标准按钮，按钮上不能显示图形，默认设置。

1——Graphical：图形按钮，允许利用命令按钮的 Picture 属性来为按钮选择图形。

⑤ Picture 属性：该属性指定按钮中显示的图片，可以在"属性窗口"上直接选择图片文件，也可使用 LoadPicture 函数来装载图片文件。图片以实际大小填入按钮中，超出部分将被裁切。

使用 LoadPicture 函数来装载图片文件的格式为：[对象名称]. Picture =（"路径＋文件名"）。

在 C：\ Program Files \ Microsoft Visual Studio \ Graphics 路径下，有大量的图片可供选用，当然也可自己制作图片文件。

该属性生效的前提是将 Style 属性设置为图形类型，示例效果如图 2.13 所示。

图 2.13　加载图片后的按钮

⑥ ToolTipText 属性 ：该属性与 Picture 属性配合使用，如果一个命令按钮仅有图形显示时，可以利用该属性以较少的文字来解释该命令按钮。

（2）命令按钮常用方法：命令按钮的常用方法有 SetFocus。

（3）命令按钮常用事件：

Click 事件：在程序运行期间，只要用鼠标左键单击命令按钮，就会触发该命令按钮的单击(Click)事件，该事件具体实现什么功能，决定于 Click 事件中编写的程序代码。

# 五、学生操作

根据示例制作仓储管理系统登录界面，如图 2.14 所示。考核点：

（1）窗体、标签、文本框和命令按钮的简单应用；

（2）VB 应用程序保存：包括工程文件和窗体文件的命名和保存位置；

（3）简单用户界面的设计效果。

图 2.14　"仓库管理系统"登录界面

# 六、任务考核

任务考核见表2.2。

表 2.2　任务考核表

| 序号 | 考核点 | 分值 |
|---|---|---|
| 1 | 用户登录界面设计效果：窗体、标签、文本框和命令按钮的简单应用（主要属性，常用方法的应用） | 6分 |
| 2 | 简单代码的编写（事件过程的简单应用） | 2分 |
| 3 | 工程文件和窗体文件的保存以及命名 | 2分 |

# 七、知识扩展

## 1. VB 集成开发环境

（1）启动 VB。执行"开始"→"程序"→" 🖥 Microsoft Visual Basic 6.0 中文版"命令，进入 VB6.0 集成开发环境，如图 2.2 所示。

（2）VB 集成开发环境及界面设计。VB6.0 的集成开发环境主要由以下部分组成：

① 标题栏和菜单栏：同 Windows 界面一样，VB 标题栏位于窗口的顶部，最左边是 VB 图标，图标的右侧显示当前工程文件的名称和"Microsoft Visual Basic"文字，以及当前工程所处的状态："设计"、"运行"和"中断"。

菜单栏在标题栏的下方，其形式和作用与其他 Windows 软件的菜单基本相同。

② 工具栏：工具栏位于菜单栏的下方，由一组按钮图标构成，每个按钮都对应一条菜单中的常用命令，在编程环境下提供对常用命令快速访问的一种方式。

③ 窗体（Form）：窗体是开发应用程序的基础，用来设计应用程序的用户界面，是应用程序最终面向用户的窗口。

程序员根据界面设计的要求，从工具箱中选择所需控件放入窗体中，设计合理的用户界面。

④ 工具箱：工具箱即是可以通过工具栏按钮 🛠 或菜单"视图"→"工具箱"打开。

工具箱中的图标即是 Visual Basic 中的常用控件。控件可以很方便地从工具箱中拖放到窗体窗口中，使开发者更容易、更快速的设计用户界面。

⑤ 属性窗口：在属性窗口，通过对窗体和控件属性值的设置，可以进一步设计更加直观的用户界面。

属性窗口可以通过工具栏按钮 📑 或菜单"视图"→"属性窗口"打开，属性窗口只有在设计阶段才可被激活。

属性窗口由"属性窗口标题栏"、"对象列表框"、"排序选项卡"、"属性列表框"和"属性含义说明"组成。如图 2.15 所示。

⑥ 工程资源管理器：工程资源管理器窗口可以通过工具栏按钮 📚 或"视图"→"工程资源管理器"菜单命令打开。图 2.16 是一个打开的工程资源管理器窗口。

一个 VB 应用程序可以很简单，只有一个窗体界面和简单的代码，也可以很庞大，由很多窗体界面和代码单元组成，因此需要一个有效的机制将它们组织起来，这就是"工程"的

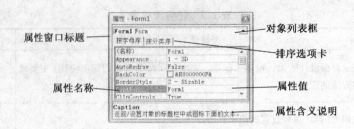

图 2.15　属性窗口

概念。一个独立的应用程序就是一个工程，也可以理解为需要开发的项目，应用程序的各个组成部分就是"工程资源"，所有的工程资源由"工程资源管理器"来实现可视化管理。

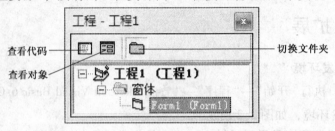

图 2.16　工程资源管理器窗口

⑦ 窗体布局窗口：窗体布局窗口可以通过工具栏按钮 ⧈ 或"视图"→"窗体布局窗口"打开。图 2.17 为一打开的窗体布局窗口。

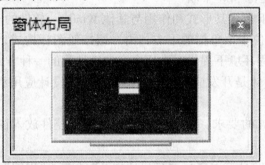

图 2.17　窗体布局窗口

在窗体布局窗口中有一个计算机屏幕，屏幕中有一个窗体(Form1)，可以拖拽鼠标来移动窗体(Form1)，以调整其在屏幕上的位置。应用程序运行后，窗体(Form1)将出现在屏幕中对应窗体布局窗口的位置。

⑧ 代码窗口：代码窗口也称代码编辑器，是输入代码的地方。

代码窗口可以通过以下三种方式之一打开：

双击窗体或某个控件对象；

通过执行菜单"视图"→"代码窗口"打开；

通过单击"工程资源管理器窗口"中的"查看代码"图标打开。

代码窗口，如图 2.18 所示。

VB 有两类代码：

a."通用声明"代码：在对象列表中选择"通用"，事件列表框中会自动选择"声明"，则

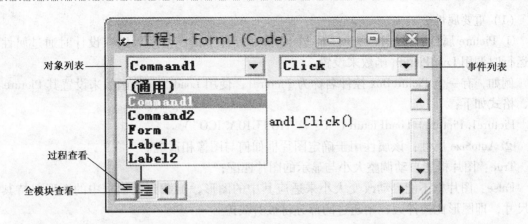

图 2.18　代码窗口

下面的代码区就称为通用代码区，在这里书写的代码对整个窗体范围都起作用。通常在这里书写一些窗体级变量的声明语句、通用的自定义过程代码。

b. 对象事件过程代码：选择一个对象的一个事件，在代码区就对应出现这个对象的事件过程，过程的过程头和过程尾由系统自动给出，程序员只需填写中间的语句即可。

如果要为对象添加除默认事件外的其他事件代码，可以在选择好对象后，在事件列表框的下拉列表中选择该对象的其他事件。

**2. 面向对象程序相关概念**

（1）对象：我们将现实世界中的各种事物统称为对象，包括真实的事物和抽象的事物，如人、动物、汽车、走路等都可以称为对象。对象有自己的静态属性（如大小、形状、重量等）和称为行为（如生长、运算等）的动态属性。

VB 中，应用程序、窗体、控件、菜单、程序代码、窗口等都可以理解为对象。对象是 VB 应用程序的基本单元，也可以说用 VB 编程就是用对象组装程序。

（2）属性：VB 的窗体和控件都是具有自己的属性、方法和事件的对象。可以把属性看作一个对象的性质，把方法看作对象的动作，把事件看作对象的响应。不同的"东西"有不同的"特征"，同样不同的"对象"有不同的"属性"。

在 VB 编程中，常见的属性有标题（Caption）、名称（Name）、背景颜色（BackColor）、字体（Font）、是否有效（Enabled）、是否可见（Visible）等。通过修改对象的属性能够控制对象的外观和操作。设置对象有如下两条途径：

通过属性窗口，在属性窗口找到相应的属性直接设置；

通过编写代码设置属性，格式如下：对象名. 属性 = 属性值

例如：Text1. text = "VB 程序设计"

（3）事件：事件是指发生在对象上的事情。VB 中的事件是预先设置好的，可以被对象识别的动作，如单击（Click）事件、双击（DbClick）事件、装载（Load）GotFocus 事件、鼠标移动（MouseMove）事件等。不同的对象能够识别不同的事件。

**3. 图片框**

图片框（PictureBox）控件 ▨ 用于显示图片和图形，可以显示 . bmp，. ico，. wmf，. jpg，. gif 等类型的文件；也可以作为其他控件的容器。如果控件不足以显示整副图像，则裁剪图像以适应控件的大小。

（1）重要属性：

① Picture 属性：该属性用于显示 PictureBox 控件中的图片。可以在设计时通过属性或在运行时调用 LoadPicture 函数来设置。

例如，有一个 PictureBox 控件名称为 Picture1，使用 LoadPicture 函数来设置其 Picture 属性，格式如下：

Picture1. Picture = LoadPicture（"D：\ TRFFC10A. ICO"）

② AutoSize 属性：该属性用于确定图片框如何与图像相适应。

True：图片框能自动调整大小与显示的图片匹配；

False：图片框不能自动改变大小来适应其中的图形，加载到图形框中的图形保持其原始尺寸，即图形比控件大，则超过的部分将被剪裁掉。

（2）常用方法：在图片框中，可以使用 Cls(清屏) 和 Print 方法。

（3）常用事件：图片框常用有 Click 事件。

（4）图片框与图像框的区别：图片框和图像框是 Visual Basic 中用来显示图形的两种基本控件，用于在窗体的指定位置显示图形信息。图片框与图像框的用法基本相同，但有以下区别：

①图片框是"容器"，可以作为父控件，而图像框不能作为父控件。也就是说，在图片框中可以包含其他控件，而其他控件不能"属于"一个图像框。

②图片框可以通过 Print 方法接收文本，并可接收由像素组成的图形，而图像框不能接收用 Print 方法输入的信息，也不能用绘图方法在图像框上绘制图形。

③图像框比图片框占用的内存少，显示速度快。在用图片框和图像框都能满足需要的情况下，应优先考虑用图像框。

总之，图片框是一个"容器"，可以把其他控件放在该控件上，作为它的"子控件"。当图片框中含有其他控件时，如果移动图片框，则框中的控件也随着一起移动，并且与图片框的相对位置保持不变。

# 任务三  登录功能实现

## 一、任务目标

### 1. 功能目标

在任务二的基础上，实现用户名与密码输入正确与否的判定，并根据判定结果给出相应的提示。

### 2. 知识目标

(1)掌握 Visual Basic 程序设计基础(数据类型、运算符、常量和变量等)；

(2)掌握选择结构的应用(IF 语句的使用)；

(3)Msgbox 过程的作用和使用方法。

### 3. 技能目标

(1)能够熟练使用 Visual Basic 集成开发环境；

(2)能用 Visual Basic 程序设计基础知识和控制结构 IF 语句实现登录界面。

## 二、任务分析

根据任务功能目标要求，具体运行过程为：实现用户名与密码输入正确与否的判定，如果输入正确弹出一个新窗体，如果输入错误，会出现提示"输入有误，请重试"的消息框，如果连续输入三次密码仍错误，系统给出"输入三次有误，无权登录本系统"点击"确定"就会自动退出。要实现用户登录功能需要解决以下问题：

(1)如何判定登录用户是否合法；

(2)对话框的正确使用；

(3)对于输入不正确的用户如何进行输入次数的判定。

## 三、过程演示

### 1. 打开工程

进入 VB 集成开发环境，选择菜单项"文件"→"打开工程"，在工程保存的位置找到"Sysstuscore. vbp"打开。

### 2. 界面设计

选择"frmlogin. frm"，使用任务二"用户登录界面"：界面包括三个标签控件(用来表示说明信息"学生成绩管理系统"、"用户名"和"密码")，一个图片框控件(用来美化界面)，两个按钮控件("登录"和"取消")，两个文本框控件(用来输入"用户名"和"密码")。

**3. 属性设计**

为了方便代码编写以及程序的阅读，对窗体 frmlogin 控件的部分属性进行修改，具体设置见表 3.1。

表 3.1 用户登录界面部分控件属性表

| 对象 | 属性 | 属性值 |
|---|---|---|
| Text1 | Name | txtname |
| Text2 | Name | txtpassword |
| Command1 | Name | cmdlogin |
| Command2 | Name | cmdexit |

注意：控件代码命名，一般文本框命名以 Txt 开头，命令按钮命名以 Cmd 开头。

**4. 编写代码**

右击窗体，选择"查看代码"，单击代码窗口对象列表，选择"通用"，输入如图 3.1 所示代码，输入"in"出现提示"integer"时，按空格键就完成了变量的定义。

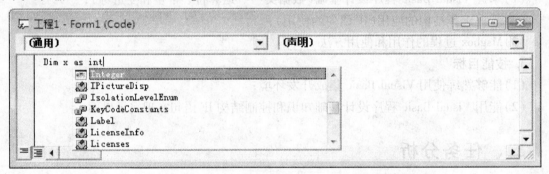

图 3.1 变量定义代码

说明：定义变量 x 用来记录输入的次数。定义在"通用"部分为窗体级变量，在本窗体的所有过程中都起作用。

在通用模块定义变量：

```
Dim x As Integer                    定义窗体级变量,x 用来记录用户密码输入的次数
```

（1）"取消"按钮 cmdexit_Click 代码如下：

```
Private Sub cmdexit_Click()
    If MsgBox("你选择了退出登录,是否退出?", vbYesNo + vbInformation, "登录") _ =
vbYes Then 'VB 中代码太长一行写不完,可以在末尾加一空格和下划线"_"换行
        End             '结束程序运行
    Else
        Exit Sub        '退出当前过程
    End If
End Sub
```

代码分析：如果选择取消，则提示弹出对话框，如果选择"是"则退出系统，如果选择"否"则返回"登录界面"。

（2）"确定"按钮 cmdlogin_ Click 代码如下：

```
Private Sub cmdlogin_Click( )
x = x + 1                    '判定一次,输入次数加1
        If txtname. Text = "admin" And txtpassword. Text = "admin" Then
假定用户名和密码均为 admin
    Form1. Show              '显示窗体 Form1,在应用系统中显示主窗体 frmmain
    Unload Me               '卸载当前窗体
 ElseIf x < 3 Then          '密码输入没超过3次,可重复输入
    MsgBox "输入有误,请重试", vbCritical, "登录"
    Else
    MsgBox "输入三次有误,无权登录本系统", vbCritical, "登录"
    End                     '应用程序结束
    End If
    End Sub
```

代码分析：密码身份的验证过程是这样的：首先从文本框中取得输入的用户名称，如果与设定的用户名相同并且密码也与指定的密码相同，那么可以进入系统（此处为另一个窗体），否则提示密码错误信息。

### 5. 代码完善

保存窗体 frmlogin，运行基本功能已实现，可是当用户名或密码未输入或者输入的信息中还有空格都会提示"输入有误"，所以需要完善代码。对"登录"按钮代码修改后如下：

```
Private Sub cmdlogin_Click( )
    Dim stryhm As String              '定义字符串变量,临时存储用户名,stryhm 为局部变量
    Dim strmm As String               '定义字符串变量,临时存储用户密码
    stryhm = Trim(txtname)            '给字符变量赋值,Trim( )函数作用是去掉文本框中的
空格
    strmm = Trim(txtpassword)
    strsf = Trim(Combo1. Text)
     '用于对系统登录时根据身份选择用户可执行的操作
    If stryhm = "" Then               '判断用户名输入是否为空
        MsgBox "用户名不能为空!", vbCritical, "提示"
        txtname. SetFocus             '用户名输入为空,txtname 文本框得到焦点
        Exit Sub                      '退出 cmdlogin_Click( )过程
    End If
    If strmm = "" Then                '用户密码名输入不能为空
        MsgBox "密码不能为空!", vbCritical, "登录"
        txtpassword. SetFocus
    Exit Sub
    End If
    x = x + 1                         '判定一次,输入次数加1
    '……
     '此处是输入合法时的登录用户的判定
    End Sub
```

说明：

（1）为了避免在输入过程中无意多输入空格，使用 Trim( ) 函数作用是去字符串前后的空格；

（2）用户名、密码在输入时都不能为空，所以应先判断用户是否输入了相应的内容；

（3）变量 x 记载输入的次数，超过 3 次，系统将自动退出。

# 四、知识要点

### 1. Trim( ) 函数

VB 提供了大量的内部函数，每个内部函数都有特定的功能，可以在任何程序中直接调用。本任务中用到的 Trim(字符串) 函数是 VB 提供的字符串函数，其作用是删除指定字符串前后空格。与之相关的有 LTrim(字符串) 函数与 RTrim(字符串) 函数，作用分别是删除指定字符串左边的空格和删除指定字符串右边的空格。

### 2. MsgBox 的使用

MsgBox 的作用是显示一个提示对话框，或者是让用户选择下一步该如何操作。

图 3.2    简单消息框

例如：MsgBox " 输入有误，请重试"

效果如图 3.2 所示。只有一个字符串参数，消息框的标题是系统自动取为工程的名字。

对于 MsgBox 也可以显示具体的工程名称和不同的图标强调提示信息。

例如：MsgBox " 输入有误，请重试"，VbOKOnly，"提示"。

第三个参数就是标题的文字，也是字符串类型。第二个参数 VbOKOnly 表示只有一个确定按钮。VbYesNo 表示两个按钮。

例如：MsgBox "输入有误，请重试!"，VbOKCancel + VbCritical，"提示"。

如果需要显示一个图标，可以在第二按钮参数的后面输入一个" + "号，系统用自动列出可供选择的值。具体的参数见表 3.2。

表 3.2    **MsgBox** 过程按钮类型参数说明

| 类型 | 内部常量 | 按钮值 | 说明 |
| --- | --- | --- | --- |
| 按钮 | VbOkOnly | 0 | 只显示"确定"按钮 |
| | VbOkCancel | 1 | 显示"确定"、"取消"按钮 |
| | VbAbortRetryIgnore | 2 | 显示"终止"、"重试"、"忽略"按钮 |
| | VbYesNoCancel | 3 | 显示"是"、"否"、"取消"按钮 |
| | VbYesNo | 4 | 显示"是"、"否"按钮 |
| | VbRetryCancel | 5 | 显示"重试"、"取消"按钮 |
| 图标 | VbCritical | 16 | 关键信息图标：红色 stop 标志 |
| | VbQuestion | 32 | 询问信息图标：? |
| | VbExclamation | 48 | 警告信息图标：! |
| | VbInformation | 64 | 信息图标：1 |

续表

| 类型 | 内部常量 | 按钮值 | 说明 |
|------|---------|-------|------|
| 默认按钮 | VbDefaultButton1 | 0 | 第一个按钮是默认值 |
| | VbDefaultButton2 | 256 | 第二个按钮是默认值 |
| | VbDefaultButton3 | 512 | 第三个按钮是默认值 |
| 等待模式 | VbApplicationModal | 0 | 当前应用程序一直被挂起，直到用户做出响应才继续 |
| | VbSystemModal | 4096 | 全部应用程序都被挂起，直到用户做出响应才继续 |

### 3. 变量定义

变量：在程序的执行过程中，其值可以发生改变的量。变量看作是一个被命名的存储单元，不同类型的变量在内存中占用的存储单元不同。

在默认状态下，VB 中可以不进行变量声明，此时变量类型默认为变体类型（Variant），但这样做可以由变量名的误写而产生不良后果，所以变量应先声明后使用。变量声明后，系统会根据变量类型，为它分配相应的存储空间，并确定该空间可存储的数据类型。

（1）变量的显式声明。显示声明变量可以使用 Dim、Static、Public、Private 这四个关键字。这一节介绍用关键字 Dim 来声明变量。

Dim 语句的语法格式如下：

Dim 变量名［as 数据类型］

说明：

1）方括号里的内容可以省略。如省略，则该变量被声明为变体型（Variant）。

如：Dim x As Integer          ' 定义一个整型的变量

可以使用连续声明方式，将多个变量放在一行中一次声明，用逗号隔开，但类型声明不能共用，每个变量必须有自己的类型声明。如：

Dim intSum，intAve                'intSum，intAve 都声明为变体变量；

Dim intM，strText as string        'intM 声明为变体变量，strText 声明为字符型变量；

Dim lngX as long，sngY as Single  'lngX 声明为长整型变量，sngY 声明为单精度型变量。

2）可以将类型说明符加在变量名后，来代替"As 数据类型"。变量名和类型说明符之间不能有空格。如：

Dim lngX as long，sngY as Single

也可以声明为：Dim lngX &，sngY！

3）对于字符串变量，根据其数据类型可分为变长和定长两种，变长字符串变量的长度不确定，是可变的；定长字符串变量的长度是固定不变的。

变长字符串变量的声明语句为：

Dim 变量名 As String

定长字符串变量的声明格式为：

Dim 变量名 As String * 字符数

定长字符串存放的最多字符数由 * 号后的字符数决定。

如：

Dim strString1 As String 　　　'strString1 声明为变长字符串变量

Dim strString2 As String ＊30 　'strString2 声明为定长字符串变量，可存放 30 个字符

4) 通常用对象型变量 (Object) 访问实际对象，如命令按钮、文本框或一个图形等对象。在声明对象型变量时，最好使用特定的类型，而不是一般的 Object，然后用 set 语句为其指定一个具体对象，这样会使应用程序运行效率更快。

例如下面的例子，通过改变对象变量 X 和 Y 来改变窗体上两个文本框 Text1 和 Text2 的属性。

Dim X as TextBox ， Dim Y as TextBox

　Set X = Text1

　Set Y = Text2

　X. Text = " Thank you ! "

　Y. Enabled = False

(2) 变量的隐式声明。在 VB 中可以不声明变量类型而直接使用，使用时系统根据变量被赋予的值来决定变量的数据类型。这种变量的声明被称为隐式声明。

隐式声明会增加程序调试难度，破坏程序的可读性。建议使用变量还是先声明再使用，以避免不必要的错误。

也可以在通用声明段中使用 Option Explicit 语句来强制声明所有的变量。使用了 Option Explicit 语句之后，当系统发现程序中没有显式声明的变量时，就会提示出错。可以在通用声明段自动插入 Option Explicit 语句，方法是：单击菜单项"工具"→"选项"命令，在弹出的"选项"对话框中选中"要求变量声明"复选框，如图 3.3 所示。也可以用手工方法向现有模块在通用声明段添加 Option Explicit 语句。

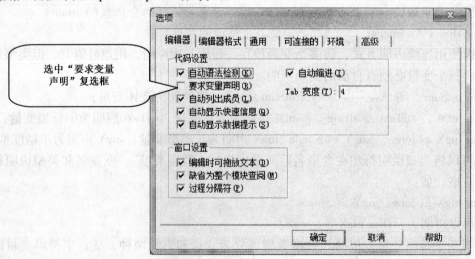

图 3.3 强制显示声明变量

(3) 变量的作用范围。变量的作用范围，就是变量的作用域，决定了变量能够正常使用的范围。变量包括局部变量、模块变量和全局变量。

① 局部变量：在一个过程内部声明的变量，其作用范围仅限于声明它的过程。

② 模块变量：在一个模块的"通用"声明段用 Private 或 Dim 语句声明的变量称为模块变

量，其有效范围为声明它的模块，即可被该模块中的任何过程所访问。

本例中的：

Dim x as Integer　　作用范围为整个窗体的所有过程。

Dim stryhm As String 作用范围为过程 cmdlogin_ Click( )内部，在 cmdlogin_ Click( )过程以外就不起作用了。

③ 全局变量：在标准模块的声明段用 Public 或 Global 语句声明的变量。它的有效范围是整个工程的所有模块，即在整个应用程序中有效，可被该工程中所有模块的任何过程所引用。全局变量也称为公用变量。

注：标准模块是只含程序代码的文件，其扩展名为". bas"。执行菜单项"工程"→"添加模块"命令，可添加模块。

### 4. 表达式

表达式用来表示某个求值规则，它由关键字、运算符、常量、变量、函数对象和圆括号以合理的语法组合而成。表达式通过运算后有一个结果，并具有一定的类型。本任务中用到了逻辑表达式：txtname. Text = " admin" And txtpassword. Text = " admin"。

逻辑表达式：经常作为选择结构和循环结构的判断条件。所谓逻辑表达式是指用逻辑运算符连接起来的表达式，逻辑运算符有：Not(逻辑非)、And(逻辑与)、Or(逻辑或)、Xor(逻辑异或)。Not 逻辑非为单目运算符(要求一个操作数)，其他为双目运算符。逻辑运算符运算规则见表3.3。

表 3.3 逻辑运算符

| 运算符 | 运算规则 | 示例及结果 | 优先级 |
| --- | --- | --- | --- |
| Not(取反) | 操作数为真时，　结果为假<br>操作数为假时，　结果为真 | Not True　False<br>Not False　True | 1 |
| And(与) | 操作数均为真时，结果才为真 | True And True　True<br>True And False　False | 2 |
| Or(或) | 操作数只要有一个为真，结果就为真 | True Or False　True<br>False Or False　False | 3 |
| Xor(异或) | 操作数相反时，结果才为真 | True Xor False　True<br>True Xor True　False | 3 |

说明：

(1) 参与逻辑运算的量一般都应是逻辑型数据，如果参与逻辑运算的两操作数是数值量，则以数值的二进制值逐位进行逻辑运算(将 0 看作 False，将 1 看作 True)。

(2) VB 中常用的逻辑运算符是 Not、And 和 Or。它们用于将多个关系表达式进行逻辑判断。

例如，数学上表示某个数在某个区域时用表达式：$10 \leqslant X < 20$，在 VB 程序中应写成：

X > = 10 And X < 20

(3) 逻辑运算符的优先级不相同，表 3.3 中优先级 1 级别最高，优先级 3 级别最低。即 Not(逻辑非)优先级最高，但它低于关系运算符。

例如，逻辑表达式：

Not 4 + 5 \ 6 * 7 / 8 Mod 9 < > 5

存在算术运算符、关系运算符和逻辑运算符，应先计算算术运算符，然后是关系运算

符，最后计算逻辑运算符，根据前面关系表达式的运算结果，则该表达式的计算结果为
True。

对于本任务如果有多个用户存在，可以用"Or"来实现，例如：

txtname. Text ＝ "admin" And txtpassword. Text ＝ "admin" Or txtname. Text ＝ "AAA" And
txtpassword. Text ＝ "123456" 密码为"

即当用户为"admin"同时密码为"admin"时可以进行下一个窗体，或者当用户为"AAA"
并且同时密码为"123456"时也可以进行下一个窗体，当然这只是针对用户比较少的情况，
如果用户比较多就要用到数据库来管理用户的信息，这一点将在后续的任务中学习。

### 5. 控制结构

（1）If 语句的使用：

①If…Then 语句：

If…Then 语句结构有两种，即单行语句和多行语句。

单行语句格式：

　　　　If 表达式 Then 语句块

多行语句格式：

　　　　If 表达式 Then

语句块

End If

语句功能：若表达式的值为 True，则执行 Then 后面的语句；若表达式的值为 False，对
于单行语句结构，程序直接跳到下一条语句去继续执行；对于多行语句结构，则转到 End If
之后继续执行其他语句。其流程如图 3.4 所示。

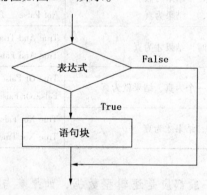

图 3.4　If…Then 语句流程图

②If…Then…Else 结构：

语句格式：

If 表达式 Then

　　语句块 1

Else

　　语句块 2

End If

语句功能：若表达式的值为 True，则执行语句块 1，程序直接跳到 End If 后面继续执行
其他语句；若条件表达式的值为 False，则执行语句块 2，执行完毕后，接着执行 End If 之后

的语句。其流程如图 3.5 所示。

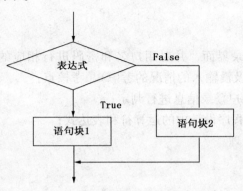

图 3.5　If…Then…Else 语句流程图

③If…then…Elseif 结构：

语句格式：

If 表达式 1 Then

　　语句块 1

Else If　表达式 2 Then

　　语句块 2

…

［Else

　　语句块 n + 1］

End If

语句功能：若表达式 1 的值为 True，则执行语句块 1，程序直接跳到 End If 后面继续执行其他语句；若条件表达式的值为 False，则判断表达式 2，值为 True，执行语句块 2，否则依次类推，直到找为 True 的表达式，一旦找到一个为 True 的表达式，就执行相应的语句块，然后执行 End If 之后的语句。如果所有的表达式都不成真，那么执行最后一个 Else 后面的语句块。其流程如图 3.6 所示。

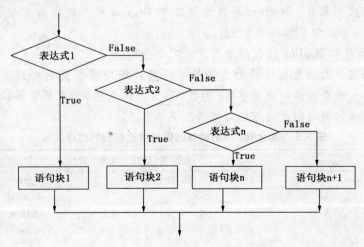

图 3.6　If…Then…Elseif 语句流程图

## 五、学生操作

实现仓库管理系统登录界面，并对用户名和密码进行相应的判定（包括输入正确的情况，输入不正确的情况以及没输入的情况的考虑）。考核点：

(1) 使用选择结构对用户登录信息进行判定；

(2) 是否正确使用 VB 程序设计中的运算符和表达式；

(3) 特殊输入情况的处理。

## 六、任务考核

任务考核见表3.4。

表3.4　任务考核表

| 序号 | 考核点 | 分值 |
|---|---|---|
| 1 | 选择结构的使用（能否实现用户登录判定） | 4 分 |
| 2 | 函数 Trim，MsgBox 的使用 | 2 分 |
| 3 | 变量的定义与使用（变量定义的关键字，变量类型） | 2 分 |
| 4 | 用户登录功能的完善（不合法数据的判定） | 2 分 |

## 七、知识扩展

### 1. MsgBox 函数

在程序执行的过程中，有时不仅需要向用户报告某些信息，而且要让用户进行选择，系统将用户选择的结果作为后续操作的依据，这时就要运用 MsgBox 函数来实现此功能。

格式：变量 = MsgBox（提示内容、[按钮类型]、[标题栏内容]）。

说明：

(1) 从语法格式上来看，MsgBox 函数的参数和 MsgBox 过程的参数完全相同，只是多了函数的小括号，一个赋值号和一个变量。

(2) MsgBox 函数和 MsgBox 过程的使用方法完全相同。

(3) 系统根据用户对消息框按钮的选择结果以整数或内部常量的形式返回给一个变量。也就是说，MsgBox 函数的返回值是整数（内部常量），这个整数（内部常量）与选择的按钮有关。MsgBox 函数返回值与所选按钮的对应情况见表3.5。

表3.5　MsgBox 函数的返回值与所选按钮的对应关系

| 对应被选按钮 | 返回值（整数、内部常量） | |
|---|---|---|
| 确定 | 1 | vbOk |
| 取消 | 2 | vbCancel |
| 终止 | 3 | vbAbort |
| 重试 | 4 | vbRetry |
| 忽略 | 5 | vbIgnore |
| 是 | 6 | vbYes |
| 否 | 7 | vbNo |

例如：a = MsgBox("输入有误，请重试！"，vbOKCancel + vbCritical，"提示")。

选择"确定"，a = 1，选择"取消"，a = 2。

**2. VB 程序设计基础**

（1）VB 语句书写规则及几点说明：

① 语句输入不分大小写。

② 一般情况下，一条语句书写在一行。若多条语句书写在一行，各语句之间须用冒号（:）隔开。

③ 一条语句可以分多行书写，需在续行的前一行的末尾加入一个空格和一个下划线。

④ VB 语言的注释语句有以下两种格式：

a. 以命令 Rem 开头后跟注释说明文字，注释说明文字必须和 Rem 以空格分开；并且注释语句必须是单独的一行。

b. 以半角单引号（'）开头后跟注释说明文字，可以直接放在一条语句的后面，也可以是单独的一行注释语句。

（2）数据类型：VB 中的每一个数据都属于一种特定的数据类型，不同的数据类型，在内存中所占的存储空间各不相同，表示和处理的方法也不尽相同。在程序设计中，要随时注意所用数据的类型。VB 的数据类型分为系统定义和自定义两种。系统定义的数据类型称为标准数据类型，是由系统提供，不需要定义就能直接使用；而自定义数据类型需要以其他数据类型为基础，按照一定的语法规则来创建，它必须先定义（创建），后使用。VB 的标准数据类型包括表 3.6 所示内容。

表 3.6　VB 中的标准数据类型

| 数据类型 | | 类型符 | 前缀 | 占字节数 | 范　围 |
|---|---|---|---|---|---|
| 整型（Integer） | | % | Int | 2 | $-32768 \sim 32767$ |
| 长整型（Long Integer） | | & | Lng | 4 | $-2147438\ 648 \sim 2147438647$ |
| 字节型（Byte） | | 无 | byte | 1 | $0 \sim 255$ |
| 单精度浮点型（Single） | | ! | Sng | 4 | $-3.402823E38 \sim -1.401298E-45$<br>$1.401298E-45 \sim 3.402823E38$ |
| 双精度浮点型（Double） | | # | Dbl | 8 | $-1.79769313486232E308 \sim -4.94065645841247E-324$<br>$4.94065645841247E-324 \sim 1.79769313486232E308$ |
| 货币型（Currency） | | @ | Cur | 8 | $-922337203685477.5808 \sim 9223372036854775807$ |
| 字符串型（String） | 变长 | $ | Str | 10 + 串长 | $0 \sim$ 大约 20 亿 |
| | 定长 | | | 串长 | $1 \sim$ 大约 65535 字节 |
| 逻辑型（Boolean） | | 无 | Bln | 2 | True 或 False |
| 日期时间型（Date） | | 无 | Dtm | 8 | 100 年 1 月 1 日 $\sim$ 9999 年 12 月 31 日 |
| 变体型（Variant） | 数字 | 无 | Vnt | 16 | 任何数字值，最大可达到 Double 的范围 |
| | 字符 | | | 22 + 串长 | 与变长 String 有相同的范围 |
| 对象型（Object） | | 无 | Obj | 4 | 可供任何对象引用 |

（3）标识符：标识符是程序员为变量、常量、数据类型、过程、函数、类等定义的名字。利用标识符可完成对变量、常量、数据类型、过程、函数、类的引用。VB 中标识符的命名有如下规则：

① 只能由字母、数字、和下划线组成，且第一个字符必须是字母。

② 长度不得超过 255 个字符。

③ 不能是 VB 的关键字。

④ VB 中不区分变量名的大小写。

⑤ 变量名不能与过程名、符号常量名相同，最好使用缩写前缀，以区分变量类型。

为了增加程序的可读性，变量名最好具有实际意义，简单明了，不要太长。

（4）常量：在程序执行过程中数值不改变的量称为常量。常量的命名规则和变量的命名规则一样，在 VB 中常量可分为如下两类。

① 系统内在常量：是系统提供的自身拥有的常量，如 VB 的颜色常量 vbBlue 等。

② 符号常量（自定义常量）：是程序中程序员用 Const 声明的常量。在声明一个常量后，就可用常量名来引用其代表的常数。

例如：Const Pi = 3.1415926

多个常量可在同一行定义，用逗号分隔。

例如：Const a = 2，b = 4

可以用 Public 或 Private 来规定它的使用范围，使用常量时应注意：

1）用 Const 声明的常量在程序运行过程中是不能被重新赋值的。

2）常量在声明的同时赋值。

3）可以为声明的常量指定数据类型，如 Const conVar as Currency = 3.78，默认时为所赋值的类型。

适当地利用常量可增强程序的可阅读性，也便于程序的维护。

（5）表达式

与其他语言一样，VB 语言的表达式有算术表达式、关系表达式和逻辑表达式。表达式由操作数、运算符和圆括号构成。算术表达式往往是构成 VB 语句的基本元素，也是关系表达式的操作数。关系表达式与逻辑表达式常常用在条件语句与循环语句中。

① 算术表达式：算术表达式是指用算术运算符连接起来的表达式。VB 语言常用的算术运算符见表 3.7。

表 3.7　常用的算数运算符

| 运算符 | 运算规则 | 示例及结果 | 优先级 |
|---|---|---|---|
| ^（幂） | 计算乘方和方根 | 2^3　8 | 1 |
| *（乘） | 标准乘法 | 7.5 * 2　15 | 2 |
| /（除） | 标准除法运算，结果为浮点数 | 4.5/2.5<br>1.8 | 2 |
| \（整除） | 整除运算，结果为整型 | 5 \ 2　2<br>5.5 \ 2.6 2 | 3 |

续表

| 运算符 | 运算规则 | 示例及结果 | 优先级 |
|---|---|---|---|
| Mod（取余） | 求余运算，结果为第一个操作数整除第二个操作数所得的余数 | 5 Mod 3　　1<br>1 Mod 3　　1<br>0 Mod 3　　0<br>5.3 Mod 3.1　　1 | 4 |
| +（加） | 标准加法 | 5 + 2　　7 | 5 |
| －（减） | 标准减法 | 5 － 2　　3 | 5 |

说明：

a. 表 3.7 中，优先级 1 级别最高，优先级 5 级别最低。

b. 运算符 \ （整除）的操作数若不是整数，系统会先对操作数进行四舍五入取整，然后进行除运算，若运算结果不是整数，系统会对运算结果进行截尾取整。

例如，表 3.7 所示的表达式 5.5 \ 2.6，两操作数均不是整数，进行四舍五入取整之后，表达式相当于 6 \ 3，因此结果为 2。

c. 运算符"Mod"（取余）的操作数若不是整数，系统会先对操作数进行四舍五入取整，然后进行取余数运算。

例如，表 3.7 所示的表达式 5.3 Mod 3.1 两操作数均不是整数，进行四舍五入取整之后，表达式相当于 5 Mod 3，结果为 1。

② 关系表达式：

关系表达式经常作为选择结构和循环结构的判断条件。所谓关系表达式是指用关系运算符连接起来的表达式。VB 语言的关系运算符见表 3.8。

表 3.8　关系运算符

| 运算符 | 运算规则 | 示例及结果 | 优先级 |
|---|---|---|---|
| ＝（等于） | 两操作数若相等，结果值为 True，否则为 False | 1 = 1　　True | 同级 |
| ＜＞（不等于） | 两操作数若不相等，结果值为 True，否则为 False | "Fu" ＜ ＞ "she"　　True | |
| ＞（大于） | 第一个操作数若大于第二个操作数，结果值为 True，否则为 False | "ab" ＞ "aa"　　True | |
| ＜（小于） | 第一个操作数若小于第二个操作数，结果值为 True，否则为 False | 3 ＜ 2　　False | |
| ＞ ＝（大于等于） | 第一个操作数若大于或等于第二个操作数，结果值为 True，否则为 False | 7 ＞ ＝ 8　　False | |
| ＜ ＝（小于等于） | 第一个操作数若小于或等于第二个操作数，结果值为 True，否则为 False | 5 ＜ ＝ 5　　True | |

说明：

a. 关系运算符的运算对象可以是任何数据类型，也可以是算数表达式，运算结果为逻辑值真（True）或假（False）。

例如，关系表达式 4 + 5 \ 6 ＊ 7 / 8 Mod 9 ＜ ＞ 5 中的关系运算符"＜＞"的操作数，一个是算数表达式，另一个为一整型数值。

b. 操作数为若字符串，按其对应 ASCII 码值进行比较。

例如，表 3.8 所示的表达式"ab">"aa"，"b"和"a"对应的 ASCII 码值分别为 97 和 96，因此，"ab">"aa"的结果值为 True。

c. 各关系运算符优先级相同，所有算术运算符优先级均高于关系运算符。

例如，关系表达式：

$4 + 5 \backslash 6 * 7 / 8 \text{ Mod } 9 <> 5$

应先计算算术表达式，然后进行关系运算符的运算。根据上面算术表达式的计算结果，该关系表达式的运算结果为逻辑值 False。

(6) VB 内部函数

①字符串函数：字符串函数用于对字符串的运算，常用字符串处理函数见表 3.9。

表 3.9  字符串函数

| 函 数 名 | 功 能 | 举 例 |
|---|---|---|
| Asc(s) | 求字符串 s 中第一个字符的 ASCII 值 | Asc("ab") = 97 |
| Chr(N) | 将 ASCII 的值 N 转换成字符 | Chr(65) = "A" |
| Str(N) | 将 N 转换为字符串 | Str(123) = "123" |
| Val(s) | 将字符串 s 转换为数值 | Val("123abc") = 123 |
| Len(s) | 求字符串 s 的长度 | Len("abc") = 3 |
| Ucase(s) | 将字符串 s 中的小写字母转换成大写字母 | Ucase("abCD") = "ABCD" |
| Lcase(s) | 将字符串 s 中的大写字母转换成小写字母 | Lcase("abCD") = "abcd" |
| String(n, s) | 产生由 s 中第一个字符组成的 n 个字符的字符串 | String(2, "abc") = "aa"<br>String(3, 97) = "aaa" |
| Left(s, n) | 从字符串 s 的左边开始截取 n 个字符 | Left("abcd", 3) = "abc" |
| Right(s, n) | 从字符串 s 的右边开始截取 n 个字符 | Right("abcd", 2) = "cd" |
| Mid(s, n1, n2) | 从字符串 s 的 $n_1$ 位置开始截取 $n_2$ 个字符 | Mid("abcd", 2, 2) = "bc"<br>Mid("abcd", 2) = "bcd" |
| Ltrim(s) | 删除字符串 s 的前导空格 | Ltrim(" abc") = "abc" |
| Rtrim(s) | 删除字符串 s 的尾部空格 | Rtrim("abc ") = "abc" |
| Trim(s) | 删除字符串 s 的前导和尾部空格 | Trim(" abc ") = "abc" |

② 数学函数：数学函数用于数学方面的计算，VB 中的部分常用数学函数见表 3.10。

表 3.10  常用数学函数

| 函 数 名 | 功 能 | 举 例 |
|---|---|---|
| Abs(x) | 求 x 的绝对值 | Abs(-1) = 1 |
| Sgn(x) | x > 0，返回值为 1；x = 0，返回值为 0；x < 0，返回值为 -1 | Sgn(-12) = -1; sgn(0) = 0<br>Sgn(12) = 1 |
| Sqr(x) | 求 x 的算术平方根，x ≥ 0 | Sqr(4) = 2 |
| Exp(x) | 求自然数 e 的幂 | Exp(2) = 7.38905609893065 |
| Log(x) | 求 x 的自然对数值 | Log(2) = 0.693147180559945 |
| Sin(x) | 求 x 的正弦值 | Sin(0) = 0 |

续表

| 函数名 | 功　能 | 举　例 |
|---|---|---|
| Cos(x) | 求 x 的余弦值 | Cos(0) = 1 |
| Tan(x) | 求 x 的正切值 | Tan(0) = 0 |
| Int(x) | 求不大于 x 的最大整数 | Int( − 3.8) = −4；int(3.8) = 3 |
| Fix(x) | 将 x 的小数部分截去，取整数部分 | Fix(6.89) = 6 |
| Round (x) | 四舍五入取整 | Round (3.8) = 4 |
| Rnd | 求 0 ~ 1 之间的随机小数 | Rnd 产生 0 ~ 1 之间的随机数。 |

说明：

a. Sin(x)、Cos(x)和 Tan(x)三角函数自变量的单位是弧度，如果是角度数值，先要转化为弧度。

b. Log(x)和 Exp(x)互为反函数，即 Log(Exp(x)) Exp(Log(x))的结果还是原来各自变量 x 的值。

c. 要注意区分 Int(x)、Fix(x)和 Round (x)函数的异同。

d. 使用下面的表达式可以生成一定范围的随机数：

$$Int((上限 − 下限 + 1) * Rnd + 下限)$$

例如，Int((50 − 21 + 1) * Rnd + 21)，产生 21 ~ 50 之间的随机数。

③ 日期和时间函数：日期和时间函数用于设置、获取、计算与日期和时间有关的数据，表 3.11 给出了常用的日期/时间函数。

表 3.11　日期和时间函数

| 函数名 | 功　能 | 举　例 |
|---|---|---|
| Now | 返回系统日期和时间 | Now：2006/4/23 2：18：30 PM |
| Date | 返回系统日期 | Date：2006/4/23 |
| Time | 返回系统时间 | Time：2：18：30 PM |
| Year(D/N) | 返回年份(1753 ~ 2078) | Year("2006/10/11")：2006 |
| Month(D/N) | 返回月份(1 ~ 12) | Month("2006/10/11")：10 |
| Day(D/N) | 返回日期(1 ~ 31) | Day("2006/10/11")：11 |
| Weekday(D) | 返回星期代号(1 ~ 7)，星期日为 1 | Weekday("2006/10/11")：4 |
| WeekdayName(N) | 返回星期代号(1 ~ 7)的星期名称 | WeekdayName(4)：星期三 |
| Hour(D/N) | 返回小时数(0 ~ 24) | Hour(#2：18：30 PM #)：14 |
| Minute(D/N) | 返回分钟数(0 ~ 59) | Minute(#2：18：30 PM #)：18 |
| Second(D/N) | 返回秒数(0 ~ 59) | Second(#2：18：30 PM #)：30 |

说明：

日期函数的自变量"D/N"可以是字符串表达式，也可以是数值表达式，也可以是日期函数 Now、Date 或 Time。

# 任务四 数据库的设计与实现

## 一、任务目标

**1. 功能目标**

根据学生成绩管理系统的需求分析，进行数据库设计，并输入测试数据。

**2. 知识目标**

（1）理解数据库的基本概念；

（2）掌握对数据库和数据表的创建，保存和打开以及对数据表的编辑。

**3、技能目标**

（1）能够使用 VB 自带数据管理器创建数据库并对其进行编辑；

（2）能够根据应用程序要求创建数据库和数据表，并实现对数据库数据的查询、排序、添加删除等操作。

## 二、任务分析

实现学生成绩管理系统数据库设计，要求根据系统需求分析，对系统中所要处理的数据进行归纳总结，并解决以下问题：

（1）考虑选用什么工具，如何创建数据库；

（2）在所创建的数据库中如何建立数据表；

（3）如何对所建数据表进行数据编辑。

补充：通过分析"学生成绩管理系统"功能，将此系统所需数据归纳为（用户信息表、学生信息表、院系信息表、专业信息表、班级信息表、课程信息表、成绩信息表），并根据需求从字段名称、数据类型、长度及说明进行了表4.1～表4.7的描述。

表 4.1 用户信息表

| 字段名称 | 数据类型 | 长度 | 说 明 |
| --- | --- | --- | --- |
| 用户名 | Text | 10 | 长度可变，不能为空 |
| 密码 | Text | 10 | 长度可变，不能为空 |
| 用户类型 | Text | 6 | 长度可变，不能为空 |

表 4.2 学生信息表

| 字段名称 | 数据类型 | 长度 | 说 明 |
| --- | --- | --- | --- |
| 学号 | Text | 10 | 长度固定，不能为空 |
| 姓名 | Text | 8 | 长度可变，不能为空 |
| 性别 | Text | 2 | |

续表

| 字段名称 | 数据类型 | 长度 | 说　明 |
|---|---|---|---|
| 出生日期 | DATE/TIME | | |
| 身份证号 | Text | 18 | |
| 院系名称 | Text | 10 | |
| 专业名称 | Text | 10 | |
| 班级名称 | Text | 10 | |

**表 4.3　院系信息表**

| 字段名称 | 数据类型 | 长度 | 说　明 |
|---|---|---|---|
| 院系代码 | Text | 8 | 长度可变，不能为空 |
| 院系名称 | Text | 8 | 长度可变，不能为空 |

**表 4.4　专业信息表**

| 字段名称 | 数据类型 | 长度 | 说　明 |
|---|---|---|---|
| 专业代码 | Text | 8 | 长度可变，不能为空 |
| 专业名称 | Text | 8 | 长度可变，不能为空 |
| 院系代码 | Text | 8 | |

**表 4.5　班级信息表**

| 字段名称 | 数据类型 | 长度 | 说　明 |
|---|---|---|---|
| 班级代码 | Text | 8 | 长度可变，不能为空 |
| 班级名称 | Text | 8 | 长度可变，不能为空 |
| 专业代码 | Text | 8 | |

**表 4.6　课程信息表**

| 字段名称 | 数据类型 | 长度 | 说　明 |
|---|---|---|---|
| 课程号 | Text | 8 | 长度可变，不能为空 |
| 课程名称 | Text | 16 | 长度可变，不能为空 |
| 专业代码 | Text | 8 | |
| 班级名称 | Text | 8 | |
| 开课学期 | Text | 8 | |
| 开课学年 | Text | 14 | |
| 任课教师 | Text | 8 | |

**表 4.7　成绩信息表**

| 字段名称 | 数据类型 | 长度 | 说　明 |
|---|---|---|---|
| 学号 | Text | 10 | 长度固定，不能为空 |
| 姓名 | Text | 8 | 长度可变，不能为空 |
| 课程名称 | Text | 8 | 长度可变，不能为空 |
| 成绩 | Single | 8 | |
| 成绩说明 | Text | 4 | 是否补考 |

## 三、过程演示

### 1. 创建数据库

（1）启动 VisData：在打开的 VB 集成开发环境中，选择菜单项"外接程序"→"可视化数据管理器"。

（2）在 VisData 窗口上，单击菜单项"文件"→"新建"→"Microsoft Access"→"Version 7.0 MDB"命令。

（3）在弹出的对话框中输入数据库的名字，选择数据保存的位置。将数据库命名为 dbscores，后缀名程序会自动加上。

（4）VisData 将自动在所选定的路径上创建一个名为"dbscores"数据库文件 dbscores.mdb，并回到 VisData 设计界面，如图 4.1 所示。此时，VisData 设计界面打开了两个窗口：数据库窗口和 SQL 语句窗口，数据库窗口显示当前打开的数据库的属性，SQL 语句窗口用于在当前数据库中编写和执行 SQL 语句。

图 4.1 空数据库窗口

（5）在 VisData 设计界面建立 dbscores 数据库的表。选择"数据库窗口"，单击鼠标右键，在弹出的快捷菜单上选择以"新建表"命令，出现"表结构"对话框，在"表名称"文本框中输入要创建的表名"用户信息表"如图 4.2 所示。

（6）在"表结构"对话框中单击"添加字段"，在弹出的对话框中输入字段名称、类型、大小等数据，单击"确定"，如图 4.3 所示。

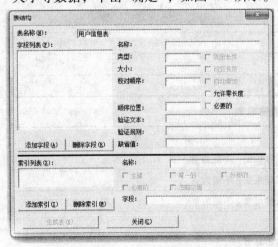

图 4.2 创建"用户信息表"

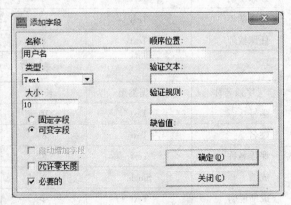

图 4.3 "添加字段"对话框

在添加字段对话框中，输入项的解释如下：

名称：该表中字段的名称。

类型：从下拉框中选择该字段的数据类型。

大小：该字段数据类型的长度。

固定字段：字段长度固定。

可变字段：字段长度可变。

允许零长度：零长度字符串为有效字符串。

必要的：字段是否要求非 NULL 值。

顺序位置：该字段的相对位置。

验证文本：当用户输入无效字段值时程序显示的消息。

验证规则：验证字段可以添加的数据类型。

缺省值：输入字段的默认值。

（7）用同样的方法设计表结构，"用户信息表"的表结构见表4.8。

表4.8　"用户信息表"字段

| 字段名 | 数据类型 | 长　度 |
| --- | --- | --- |
| 用户名 | Text | 10 |
| 密码 | Text | 10 |
| 用户类型 | Text | 6 |

（8）创建完成后，"用户信息表"的表结构设计好了，展开"Fields"项可看到每个字段的创建情况。

**2. 在 VisData 中编辑数据表中的数据**

（1）添加记录：在"用户信息表"项上单击鼠标右键，选择"打开"命令，弹出"数据库浏览"对话框，如图4.4 所示，由于此时数据表中没有记录，所以在窗口中显示字段值为空白。单击"添加"按钮，在文本框中输入记录，完成后单击"更新"按钮即可完成一条记录的添加，如图4.5 所示。

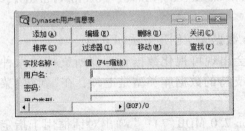

图4.4　数据浏览窗口　　　　　　图4.5　添加记录

（2）浏览数据：使用"Dynaset：用户信息表"对话框下部的水平滚动条翻页，或使用"查找"按钮找到所需记录。

（3）编辑数据：找到需修改的记录后，单击"编辑"按钮，此时对话框进入数据编辑状态。使用鼠标或 Tab 键将插入光标移动到要修改的字段上进行修改，编辑结束后，单击"更新"按钮，保存修改。

（4）删除记录：找到要删除的记录，单击"删除"按钮，系统询问时单击"是"按钮即删除所选记录。

（5）全部编辑完成后，单击"关闭"按钮，关闭"Dynaset：用户信息表"对话框。

# 四、知识要点

### 1. 数据库基本概念

（1）数据库。数据库（DataBase）通俗地说，就是存放数据的仓库。在数据库中，数据是按照一定的规则存放的。根据数据组织的方式不同，数据库有多种类型，如网络型数据库、层次数据库和关系型数据库。目前，普遍使用的是关系型数据库。

关系型数据库的特点是，用户可见数据都严格按表的形式组织起来，且所有数据库操作都是针对这些表进行的，可以采用结构化查询语言（SQL）进行数据处理。关系数据模型是以集合中的关系（Relation）概念为基础发展起来的。

（2）表：表（Table）是数据库中具体存放数据的地方。关系型数据库中的表，可以用一个二维表格表示，表格的一行称为一条记录，表格的一列称为一个字段，表是由若干条记录组成，每一条记录是由若干个字段组成。

（3）记录：在关系型数据库中，使用一条记录（Record）描述一个实体的实例。

（4）字段：字段（Field）是一条记录相关的信息，也可以说是一个实体的属性。每一个属性可以在数据库表中建立一个字段，每一个字段都有自己的数据类型。

（5）关键字：如果数据表中某个字段值能唯一地确定一个记录，则称该字段名为候选关键字。一个表中可以存在多个候选关键字，选定其中一个关键字作为主关键字。

（6）索引：索引（Index）是为了加快访问数据库的速度并提高访问效率，特别赋予数据表中的某一字段的性质，使得数据表中的记录按照该字段的某种方式排序。

### 2. 数据库的创建、保存与打开

（1）数据库的创建与保存：

单击 Visual Basc 的菜单项"外接程序"→"可视化数据管理器"命令，打开可视化数据管理器。

使用 VisData 可以创建的数据库类型有 Miscrosoft Accee、dBase、FoxPro、Paradox、Text-File 和 ODBC 数据源；

这里使用 VisData 创建一个 Microsoft Access 数据库，创建方法如下：

① 单击菜单项"文件"→"新建"命令，就会出现可视化数据管理器所支持的六种数据库。需要注意的是，在"打开数据库"菜单中，支持的数据库类型是七种，在"新建"菜单中不支持 Excel 电子表格型的数据库。

② 选择 Microsoft Access 选项，单击"Version 7.0 MDB（7）…"弹出对话框用于指定将要创建的数据库的文件名及选择保存位置。

创建其他类型数据库的方法与创建 Microsoft Access 数据库的方法相同。

对于已创建的数据库，数据库发生改动后，可视化数据管理器会自动将所发生的变动保存到数据库文件中。

（2）数据库的打开：

在对数据库进行操作之前，必须先将已有的数据库打开。"文件"菜单中的打开数据库命令允许打开多种数据格式的数据库，打开每种数据库有不同的选项。在 VisData 中，可以打开的数据库类型除了可以用其创建的那几种数据库类型外，还可以打开 Excel 电子表格型数据库。

打开一个已存在 Microsoft Access 数据库可以按以下方法操作：

① 单击菜单项"文件"→"打开数据库"→"Microsoft Access"；

② 在弹出的对话框中找到要打开的 Access 数据库。

打开 dBASE 数据库、FoxPro 数据库和 Paradox 数据库的方法与打开 Microsoft Access 数据库的方法类似，但需要注意的是，打开前要选择数据库版本，必须让 VisData 知道要打开哪种格式的数据库，这样才能判断索引文件和备注字段用什么样的格式。如果在 VisData 中装入了错误的格式，并不能立即看到错误信息，只有在数据库中读写数据时才能看到错误信息，这些错误对数据库将是很大的损害。

选择 Excel 可以直接打开 Microsoft Excel 电子表格文件，VisData 找到所有在 Excel 文件中定义的工作表和命名范围，并将它们以对象的形式在数据库窗口显示。需要注意的是，VisData 是以独占的方式打开 Excel 数据文件，也就是说，如果用 VisData 打开了某个 Excel 电子表格，在该电子表格被关闭之前，其他应用程序或网络上其他用户都不能再使用该表格。

选择 ODBC 命令可以打开已定义的 ODBC 数据源，此时，弹出一个"ODBC 登录"对话框。在对话框中，要求输入数据源名称，用户 ID 和密码等内容。

**3. 数据表结构的创建、保存与打开**

数据库创建完成后，就要创建数据表了。具体创建过程见过程演示，在此就不赘述了。

# 五、学生操作

针对仓库管理系统的需求，通过对仓库管理工作过程的内容和数据流程分析，设计数据项和数据结构。

创建"用户信息表表"、"厂家信息表"、"产品信息表"、"入库表"、"出库表"以及"库存表"等，系统所需基本字段见表 4.9。

考核点：

（1）数据库的创建与保存；

（2）系统中的数据库设计；

（3）数据表的创建与测试数据的录入及编辑。

表 4.9　仓库管理系统所需的基本字段

| 字段名称 | 数据类型 | 字段名称 | 数据类型 |
|---|---|---|---|
| 货物编号 | 字符型 | 入库日期 | 日期型 |
| 货物名称 | 字符型 | 入库数量 | 数值型 |
| 货物型号 | 字符型 | 入库人员 | 字符型 |
| 货物单价 | 数值型 | 出库数量 | 数值型 |
| 货物总价 | 数值型 | 出库日期 | 日期型 |
| 生产厂家 | 字符型 | 出库人员 | 字符型 |
| 厂家电话 | 字符型 | 库存数量 | 数值型 |
| 厂址 | 字符型 | 备注 | 日期型 |

## 六、任务考核

任务考核见表 4. 10

表 4. 10　　任务考核表

| 序号 | 考核点 | 分值 |
|---|---|---|
| 1 | 在指定位置使用数据库设计工具创建数据库(注意考虑后继系统设计对数据库位置的要求) | 2 分 |
| 2 | 按照系统要求设计所需数据库(根据需求分析设计表及表间关系) | 5 分 |
| 3 | 对表和表结构的进行编辑(添加、删除、查找、修改等) | 3 分 |

## 七、知识扩展

### 1. VB 数据库应用程序

(1)VB 数据库应用程序的组成:利用 VB 建立数据库应用程序时,首先应分析实际问题,定义并建立数据库,然后开发 VB 访问、处理数据库中数据的程序。

VB 数据库应用程序由以下三大部分组成:

① 用户界面。用户界面包括用于与用户交互的所有界面和代码,如完成查询和数据更新的窗体,对数据库记录进行添加、删除、修改、查询的代码等。用户界面不对数据库进行实际的操作,而是请求数据库服务的数据访问对象和方法。

② 数据库引擎。数据库引擎是一组动态链接库,主要任务是解释应用程序的请求并形成和管理对数据库的物理操作,维护数据库的完整性和安全性,处理结构化查询语言 SQL 的查询操作,实现对数据库的添加、删改、检索,管理查询返回的结果等。应用程序运行时,这些功能将通过动态链接库连接到 VB 程序中来实现。

③ 数据库。数据库只包含数据,而对数据的计算、检索、排序等操作都由数据库引擎来完成。

由此可见,应用程序是通过数据库引擎来完成对数据库文件的存取操作的。

(2)用户和数据库引擎的接口:用户和数据库引擎的接口(即数据访问接口)有数据控件(Data Control)、数据访问对象(DAO)、远程数据对象(Remote Data Control, RDO)和 ActiveX 数据对象(ADO)等几种。

VB 中之所以有多种数据接口,是因为数据访问技术总是不断进步,上述每种接口分别代表了该技术的不同发展阶段。Data 控件和 RDO 控件两者都包含在 Visual Basic 控件中,以提供向后兼容,而 ADO 控件的适应性更广,它比 DAO、RAO 更加简单、灵活。ADO 是 VB6.0 提供的一个 ActiveX 控件,与旧版的 Data 控件相似,它是一种建立在最新数据访问接口 OLE DB 之上的高性能的、统一的数据访问对象。Data 控件、RDO 控件以及 ADO 控件在概念上很相似,三者都是将一个数据源连接到一个数据绑定控件的"数据控件",三者也都共享相同的外观———一组共四个按钮,使用户可以直接到达记录集的开始、记录集的末尾以及在记录集中向前或向后翻卷。ADO 已成为 VB6.0 中最主要的数据访问对象。

(3)VB6.0 可以访问的数据库类型:VB6.0 可以通过数据库引擎访问以下三类数据库。

① et 数据库：该数据库由 Jet 引擎直接生成和操作，不仅灵活而且快速。Microsoft Access 和 VB 使用相同的 Jet 数据库引擎。

② ISAM 数据库：即索引顺序访问方法数据库，它有几种不同的形式，如 DBASE、Microsoft FoxPro 和 Paradox。在 VB 中可以生成和操作这些数据库。

③ ODBC 数据库：该数据库包括遵守 ODBC（开放式数据库连接）标准的客户/服务器数据库，如 Microsoft SQL Server、Sybase 以及 Oracle 等。VB 可以使用任何支持 ODBC 标准的数据库。

（4）VB 数据库应用程序的数据库访问过程：当今的数据库系统大都采用客户/服务器访问模式和浏览器/服务器访问模式。用 VB6.0 编写的访问数据库的应用程序通常位于客户端，它向数据库管理系统（数据库服务器）发送访问请求，数据库服务器分析客户程序的请求、操作数据并向客户程序返回结果。如图 4.6 所示。

图 4.6  应用程序与数据库的交互过程

应用程序与数据库服务器的连接一般通过数据库接口来实现，常用的数据库接口是 ODBC，这是微软开发的一种通用数据库接口，绝大多数关系数据库管理系统都支持该接口。

**2. VisData 概述（可视化的数据管理器）**

VisData 是一个为 Visual Basic 应用程序建立和管理数据库的非常好的工具，可以用来创建新的数据库、增加或更新表和索引、建立关系、设置用户和组的访问权限、测试和存储 SQL 查询语句以及在已有表中添加数据。VisData 是 Visual Basic 的数据库设计工具，尽管它还很原始，但对于一般的数据库建立与修改，进行安全性管理和测试 SQL 语句已经非常方便了。

VisData 是一个为 Visual Basic 程序建立样本表格及输入测试数据的得力工具，它也是一个很好的压缩、修复数据库以及管理 Microsoft Jet 数据库用户和用户组访问权力的工具。同时，VisData 也可以用于表间直接复制数据记录。当然，还可以用 VisData 查看字段、关系、表以及索引等 Microsoft Jet 数据对象的属性。通过 VisData 的学习可以对 Microsft Jet 数据库引擎的工作原理有更深的了解。

（1）VisData 工具栏按钮：数据库管理窗口的工具栏由以下三个按钮组组成。

①"记录集类型"按钮组。"表类型记录集"按钮：在这种方式下，打开数据表中的记录时，所进行的增加、删除、修改和查询等操作都将直接更新数据表的数据。

"动态集类型记录集"按钮：在这种方式下，可打开数据表或由查询返回的数据，所进行的增加、删除、修改和查询等操作都先在内存中进行、速度较快。

"快照类型记录集"按钮：在这种方式下，打开的数据表或由查询返回的数据仅供读取，不可以修改，因此只适用于进行查询操作。

②"数据显示"按钮组。"在窗体上使用 Data 控件"按钮：在显示数据表的窗口中，可以使用 Data 控件来控制记录的滚动。

"在窗体上不使用 Data 控件"按钮：在显示数据表的窗口中，不可以使用 Data 控件，但可以使用水平滚动条来控制记录的滚动。

"在窗体上使用 DBGrid 控件"按钮：在显示数据表的窗口中，可以使用 DBGrid 控件。

③"事务方式"按钮组（在打开数据表时才有效，否则会出现错误）。

"开始事务"按钮：开始将数据写入内存数据表中。

"回滚当前事务"按钮：取消由"开始事务"写入的操作。

"提交当前事务"按钮：确认数据写入的操作，将数据表更新，原有数据不可以恢复。

（2）VisData 文件菜单项介绍：这里只提及前面没有涉及到的菜单项。

① 导入/导出　"导入/导出"命令允许从其他数据库导入表或把表和 SQL 查询结果导出到另一个数据库。要往打开的数据库中从另一个数据库中导入数据，选择"导入/导出"命令，打开"导入/导出"对话框。

在"导入/导出"对话框上有"导入"、"导出表"和"导出 SQL 结果"等按钮。

导入操作可以从另一个数据库导入数据表，导出操作导出在表对话框中选择的所有表，导出 SQL 结果可以导出在 SQL 语句窗口中从当前 SQL 查询产生的结果。单击"导入"按钮，打开"导入"对话框，如图 4.7 所示。选择导入数据源的数据库格式，然后会出现文件选择对话框，选择要导入的数据库的路径和文件名。

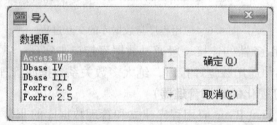

图 4.7　导入对话框

② 工作空间。"工作空间"命令允许用户作为另一个不同用户登录以测试安全机制，允许为新用户设置密码，以及在同一个 VisData 会话期内建立 System. mda 文件。如果有可能，将用新输入的用户名和密码从新的工作空间重新打开当前数据库。

③ 压缩 MDB。压缩 MDB 命令压缩一个 Microsoft Jet 的 .mdb 文件并创建一个加密和解密文件。所谓压缩数据库就是把删除记录后空出的地方从数据库文件中删除。使用压缩 MDB 命令还能重新组织数据库中存放的所有已定义过的索引。

选中该菜单后，必须选择一种数据版本，如果选择了"7.0 MDB"命令，则创建 Miscorsoft Access 7.0 版本的 .MDB 文件。如果选择了"2.0 MDB"命令，则创建 Miscorsoft Access 2.0 版本的 .MDB 文件。

选择了数据库版本后，将打开一个标准的 FileOpen 对话框，要求选择要压缩的数据库，数据库在压缩过程中不能被其他任何程序打开。选择了源数据库后，要输入目标数据库文件的名称。如果选择与源文件一样的名称，当前的数据库文件将被新文件覆盖。如果选择了一个新的数据库文件名，所有数据源数据库复制到目标数据库中。

尽管 VisData 允许在一个数据库文件自身上进行压缩，但一般不提倡这样做。因为如果在压缩过程中发生了意外，就可能损失数据库中部分或全部数据：所以最好把数据库压缩为一个新的数据库文件。

在 VisData 压缩数据之前，它会询问是否要对数据进行加密，如果选择加密，VisData 将复制所有数据并对文件进行加密，这样，只有那些对加密文件有访问权的用户才能读取数据。

④ 修复 MDB。修复 MDB 的命令允许选择一个因为在读写操作时的各种意外导致数据遭受破坏的 .mdb 文件来进行修复。但不能修复当前数据库，因为如果一个数据库是打开的，

则它一定是没有损坏的。VisData 会尽力修复受损的数据文件，不过也会出现一条消息显示某些数据不能被修复。记住应该定期备份数据库，不要指望修复过程会恢复所有的数据。备份了数据库后如果由于数据损坏而导致程序不能运行，还可以从最近的备份中恢复较新的数据文件。

（3）VisData 实用程序菜单：VisData 的"实用程序"菜单提供了几个有助于管理数据表的选项，可以用查询生成器来创建、测试和保存查询对象，用数据窗体设计器来创建数据输入窗体，可以在当前数据表中执行全局替换，在当前数据库中附加另一个数据库中的数据表、管理用户、定义加密以及定义系统首选项等操作。

① 查询生成器。查询生成器是一个含有为构造从简单到复杂的 SQL 查询所需要的所有部件的表达式的生成器。可以使用这个对话框来生成、查看、执行和保存 SQL 查询。

查询生成器是一个很好的测试查询并将它们以查询对象的形式保存于数据库中的工具，以后可以在 VB 编程中访问这些查询对象。使用查询生成器在不知道 SQL 语法细节的情况下就能执行复杂的查询。

查询生成器使用时，首先要打开要操作的数据库，选择菜单项"实用程序"→"查询生成器"命令，这时将打开一个如图 4.8 所示的查询生成器窗口。

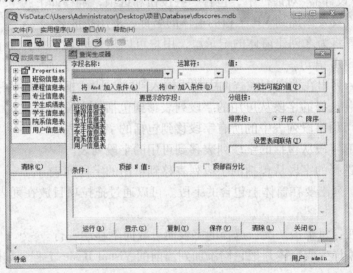

图 4.8　查询生成器数据输入窗口

查询生成器窗口介绍：

列出可能的值：把选定字段的所有惟一值添加到下拉列表中。

设置表间联结：显示联结对话框以便更容易地为当前的查询添加连接。

运行：运行查询，使用所输入的 SQL 语句打开记录集。

显示：显示所输入的 SQL 语句。

复制：把 SQL 查询拷贝到 SQL 语句窗口。

保存：用所定义的设置创建一个新查询。

② 数据窗体设计器。数据窗体设计器是一个添加窗体到当前 Visual Basic 工程的实用程序。它对创建用于浏览和修改从简单表到复杂查询的数据的窗体是很有用的。只有当 VisData 是用 Visual Basic 外接程序菜单中的"可视化数据管理器"命令打开时它才可使用。

打开 Visual Basic，创建一个工程，然后用 Visual Basic 中的菜单项"外接程序"→"可视化数据管理器"命令打开 VisData，接着在 VisData 的实用程序菜单中执行"数据窗体设计器"命令，此时，将打开"数据窗口设计器"对话框，如图 4.9 所示。

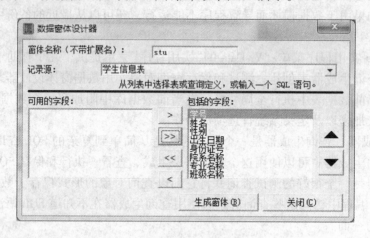

图 4.9　数据窗体设计器

在"数据窗体设计器"对话框中，包含一些按钮和选项，解释如下：

窗体名称：设置要添加到 VB 工程的窗体的名称，不用扩展名。

记录源：选择将为之创建窗体的记录源，用户可以从该列表选择一个存在的表或查询，或输入一个新的 SQL 语句。

可用的字段：列出在选定表或查询中的或输入到"记录源"框中的那些字段。

"＞"按钮：将选择的字段从可用的字段列表移到包括的字段列表。

"＞＞"：将可用字段列表中的所有字段移到包括的字段列表。

"＜"：将所有字段从包括的字段列表移到可用的字段列表。

"＜＜"：将选择的字段从包括的字段列表移到可用的字段列表。

包括的字段：列出要在窗体上包含的字段。可以通过拖拉项目放在列表中的不同位置重排列表。

上下箭头按钮：每单击一次，选择的字段向上或向下移动一行。

生成窗体：编译生成窗体并把它们添加到当前的 Visual Basic 工程，如图 4.10 所示。

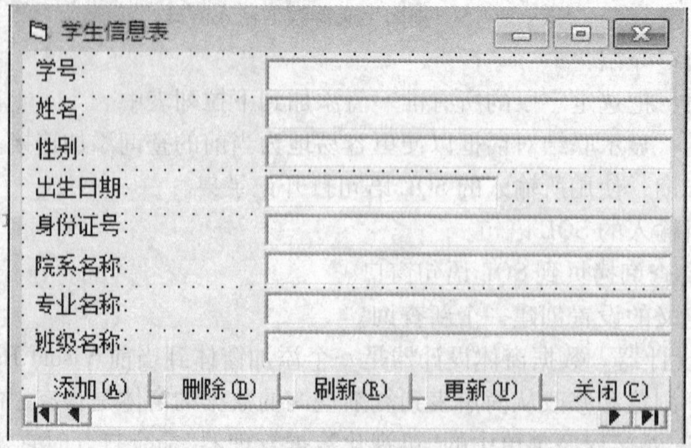

图 4.10　"Frmstu"窗体

③ 全局替换。"全局替换"命令允许创建一个 SQL 更新语句来更新在所选的表中满足定义条件的所有记录的列，这对于数据表的批量更新非常有用。

选择菜单项"实用程序"→"全局替换"命令，打开"全局替换"对话框，如图 4.11 所示。

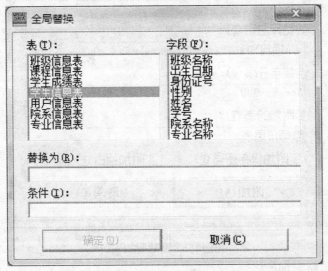

图 4.11 全局替换对话框

全局替换对话框中有这些选项和按钮，下面简单介绍一下。

表：列出当前数据库中可用的表，可以从中选择一个表来更新。

字段：列出所选表中的字段，可以从中选择一个字段(列)来更新。

替换为：设置列数据的替换值。如果字段类型是文本类型，要加单引号。

条件：为要更新的记录设置条件(若为空则对所有记录操作)。

④ 附加。VisData 允许把一个外部数据库文件附加到一个 Microsoft Access(Jet)格式的数据库中，在创建附加时，实际上是在自己的 Microsoft Access 数据库和其他数据库之间建立了一个链接，事实上并不需要从外部数据库中往自己的 MDB 文件中导入任何数据。通过建立附加可以像对待本地 Microsoft Access 表那样访问和操作外部数据文件。附加表在数据库窗口中看起来就跟数据库的本地表对象一样。

附加不仅方便，而且为 VB 程序提供了一种最快的访问外部数据的方法。读取、索引和显示附加的外部表比用 ODBC 或用外部数据文件的原格式直接打开要快一些。

选择菜单项"实用程序"→"附加"命令，打开"附加"对话框，此时由于还没有添加任何附加表，所以网格里是空的。现在来新建一个附加表。单击"新建"按钮，打开"新建附加表"对话框，如图 4.12 所示。

"新建附加表"对话框的输入选项说明如下：

附加表名称：设置当前数据库中附加的名称。

数据库名称：设置要附加表的数据库名。

连接字符串：设置要附加表的数据连接字符串，即数据库格式。

要附加的表：设置要附加的表的名称。如果正确的输入"附加名"、"数据库名"和"连接字符串"，这个下拉列表框将用数据库中可使用的表填充。

附加保存密码：设置是否随附加一起保存密码。

附加独占：设置是否以独占方式打开附加表。

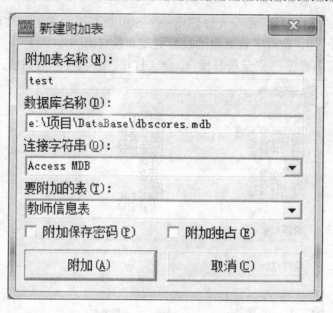

图 4.12    新建附加表

附加：执行创建新附加的代码。

⑤ 用户组/用户。"用户组/用户"命令允许查看和修改用户组、用户、权限和所有者。这一功能可以对用户和用户组设置权限密码。

⑥ SYSTEM. MD？用 SYSTEM. MD？命令查找并装入 SYSTEM. MD？安全文件。SYS-TEM. MD？文件包含关于 Microsoft Access 文件安全的信息，包括定义过的用户、组、工作区、密码和数据对象权利等。安全文件必须由 Microsoft Access 工具 WRKGADM. EXE 来创建。

⑦ 首选项。"首选项"用于显示带有命令的菜单，允许输入登录超时值，再次运行 Vis-Data 时加载最近打开的数据库及对当前数据库设置缺省的查询超时值。

**3. 用 Microsoft Access 建立数据库**

用可视化数据管理器建立数据库有很多局限性。例如，不能修改字段类型和大小，不能调整各个字段的先后顺序，不能调整记录的先后顺序等。用 Microsoft Access 建立数据库则避免了这种局限性。Microsoft Access 是微软公司开发的一个面向 Windows 平台的关系型桌面数据库管理系统，可以用来建立中、小型的数据库应用系统。下面以创建"学生信息表"为例，介绍使用 Microsoft Access 2003 创建数据库的方法。

（1）启动 Microsoft Access 2003：单击"开始"按钮，执行"程序"→"Microsoft Office"→"Microsoft Office Access 2003"命令即可启动 Microsoft Access。

（2）建立数据库：在 Microsoft Access 窗口中，执行菜单项"文件"→"新建"命令，选择"空 Access 数据库"选项，打开"文件新建数据库"对话框。在该对话框中输入数据库文件名，并选择保存路径。例如，将创建的数据库文件命名为"学生数据库"，并保存在"E：/学生管理"目录下，单击"创建"按钮，即可创建一个空的数据库窗口。

（3）创建数据表：双击"使用设计器创建表"，打开表结构设计窗口。依次输入表的各字段名、数据类型、字段大小，并在"学号"字段属性"索引""项中选择"有(无重复)"。右击"学号"字段，选择"主键"命令，即可设定该字段为主关键字字段。

（4）保存数据表：单击表结构设计窗口的"关闭"按钮或选择菜单项"文件"→"保存"命

令，弹出"另存为"窗口，输入表名"学生信息表"，单击"确定"按钮后数据表建立完毕。

（5）修改表结构：建立好一个表之后可以查看表的结构并对其进行修改。右击数据库窗口中的"学生信息表"，在弹出的菜单中选择"设计视图"命令，打开"表结构"对话框。在这个对话框中可以修改表的名称、字段名称、数据类型、字段大小，可以插入删除字段，可以调整字段先后顺序等。

（6）输入数据：在数据库窗口中双击"学生信息表"，或右击"学生信息表"，在弹出的菜单中选择"打开"命令，即可打开输入数据窗口，在该窗口中可输入数据表的所有记录。

# 任务五 用户验证

## 一、任务目标

### 1. 功能目标

实现登录界面与学生成绩管理系统数据库用户连接，即使用数据库"用户信息表"中的数据实现用户登录的验证与判定。

### 2. 知识目标

（1）掌握 Visual Basic 数据库访问的基本原理；

（2）掌握使用 ADO 编程技术访问数据库的过程；

（3）掌握公共模块的使用；

（4）掌握过程的概念、定义及调用；

（5）了解错误处理的应用。

### 3. 技能目标

（1）能够使用 ADO 编程技术将系统数据库与应用程序连接起来；

（2）能够使用控制结构 If 语句对登录用户进行判定；

（3）学会在系统设计中灵活应用过程。

## 二、任务分析

根据任务二所示用户登录界面，在应用程序登录时输入用户名和密码，与数据库中"用户信息表"中的数据进行判定，决定能否成功登录，实现此功能需要解决如下问题：

（1）应用程序如何与数据库连接；

（2）连接成功的数据在应用程序中如何访问；

（3）如何实现应用程序要对数据表中不同记录的不同字段进行访问。

## 三、过程演示

### 1. 打开工程

进入 VB 集成开发环境，选择菜单项"文件"→"打开工程"，在工程保存的位置找到"Sysstuscore. vbp"打开。

### 2. 编写代码

由于本工程用到 ADODB 数据对象，所以要添加"引用"，其方法是单击"工程"→"引用"，在出现的添加"引用"对话框中选择 Microsoft ActiveX Data Object 2.7 Library。

在公共模块中设置系统中所有共用的过程，如数据库连接串设置、数据库的操纵过程等，这样可以在以后的使用过程中直接调用。

（1）添加模块：创建公共模块的具体步骤：选择菜单的"工程"→"添加模块"，在出现的"添加模块"对话框中单击"打开"按钮，工程资源管理器窗口中就可以添加一个"Module"。打开该模块就可以看到代码编辑窗口。

（2）公共变量设置：公共变量设置主要用来定义系统的全局变量。

```
PublicTyhm As String    '用来存储系统当前登录用户
PublicUtype As String          '用来存储系统当前登录用户的类型
```

（3）数据库连接串设置：通过 ConnectString( ) 过程实现数据库连接字符串的设置，关键代码如下：

```
Public Function ConnectString( ) As String
    ConnectString = "provider = microsoft. jet. oledb. 4. 0;datasource = " & App. Path &" \Database\dbscores. mdb" & " ;persist security info = false"
End Function
```

说明：工程文件与"Database"存放数据库的文件夹必须在同一目录下。

（4）数据库的操纵函数 ExecuteSQL：

设计思路：在信息管理系统中，主要的操作是对数据库中的数据进行访问，所以要设计一个执行 SQL 命令的函数，为了使用方便其中参数 SQL 的值为查询语句，在需要使用查询的地方，只要给 SQL 赋值，然后调用 ExecuteSQL(SQL)即可。

```
Public Function ExecuteSQL( ByVal SQL As String)  As ADODB. Recordset
    Dim cnn As ADODB. Connection
      '定义变量 cnn 用于存储 ADOBD CONNECTION 对象，及数据库连接对象
    Dim rst As ADODB. Recordset   '定义记录集 RecordSet 变量
    Dim sTokens( ) As String
    Dim msgstring As String
    On Error GoTo ExecuteSQL_Error
    sTokens = Split( SQL)
    Set cnn = New ADODB. Connection    '创建 ADODB CONNECTION 对象
    cnn. Open ConnectString    '打开数据库连接
    If InStr("INSERT, DELETE, UPDATE", UCase $ (sTokens(0))) Then
        cnn. Execute SQL    'Execute 方法执行指定的命令，返回一个 Recordset 对象
        msgstring = sTokens(0) & " query successful"
    Else
        Set rst = New ADODB. Recordset '创建记录集对象
        rst. CursorLocation = adUseClient
        rst. Open Trim $ (SQL), cnn, adOpenKeyset, adLockOptimistic
        Set ExecuteSQL = rst
    End If
ExecuteSQL_Exit：
```

```
        Set rst = Nothing
        Set cnn = Nothing
        Exit Function
    ExecuteSQL_ Error：
        msgstring = "查询错误： " & Err. Description
        Resume ExecuteSQL_Exit
End Function
```

代码分析：

① On Error GoTo ExecuteSQL_Error：发生错误跳转到 ExecuteSQL_Error 这一行之后执行；

② sTokens = Split( SQL )：将字符串 SQL 按规则分解开并存在数组 sTokens 里；

③ if 语句及 InStr( "INSERT, DELETE, UPDATE", UCase $ (sTokens(0)))：stokens 中 （通过 splite 将 sql 代码拆分而来）有没有 NSERT, DELETE, UPDATE 这三个字符。如果有的 话使用 Execute 方法来执行，如果没有的话就用 recordset 的 open 方法来返回一个 recordset 对 象，然后使用 Set ExecuteSQL = rst 将 recordset 对象设置给函数 ExecuteSQL（返回值），ExecuteSQL_ Exit：后的语句用于清除变量对象；

④ CursorLocation 属性允许用户选择不同的游标位置，只有在连接建立之前，设置该属 性并建立才有效，对于已经建立的连接，设置该属性对连接不会产生影响。

窗体代码实现：主要是"登录"命令按钮的用户判定代码发生变化，关键代码如下所示：

```
Private Sub cmdlogin_Click( )
    Dim rst As New ADODB. Recordset
    …………
    txtsql = "select * from 用户信息表 where 用户名 = '" & stryhm & "'"
    Setrst = ExecuteSQL( txtsql)
    Ifrst. EOF = True Then
        MsgBox "没有这个用户,请重新输入用户名!", vbOKOnly + vbExclamation, "警告"
        txtname = " "
        txtname. SetFocus
    Else
        If Trim( rst. Fields(1)) = Trim( txtpassword. Text) Then
            OK = True
            rst. Close
            Me. Hide
                Tyhm = Trim( txtname. Text)
                UType = rst. Fields(2)
    '    frmmain. Show          '登录成功则显示主窗体
        Else
            …………
    End If
    Exit Sub

End Sub
```

代码分析：从用户信息表中查找用户名为输入的用户，如果没有找到，则显示无此用户，否则比较所找到的用户在数据库存储的密码是否与登录用户输入的相符，如相符则对全局变量 Tyhm 和 Utype 赋值，启动系统主界面（这里主界面还未创建），其中 rst. Fields(1) 表示记录集中的第二个字段的值。

# 四、知识要点

### 1. 标准模块文件

标准模块文件也称程序模块文件，其扩展名 .bas，它是为合理组织程序而设计的。标准模块是一个纯代码性质的文件，它不属于任何一个窗体，主要在大型应用程序中使用。

标准模块由程序代码组成，主要用来声明全局变量和定义一些通用的过程，可以被不同窗体的程序调用。标准模块通过菜单项"工程"→"添加模块"命令来建立，添加标准模块后"工程资源管理器"添加了如图 5.1 所示内容。

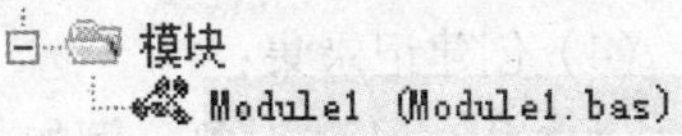

图 5.1 添加了模块的工程资源管理

### 2. 使用 ADO 对象编程

使用 ADO 对象编程需要经过以下几个步骤：

（1）ADO 对象库的引用：执行"工程"→"引用"命令，在打开的"引用"对话框中选择"Microsoft ActiveX DataObject2. 5 Library"，结果如图 5.2 所示。

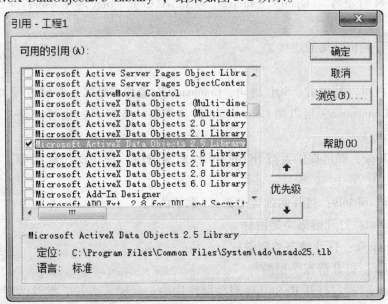

图 5.2 "引用" ADO 对象对话框

（2）连接数据源：

① Connection 对象。例如，Dim cnn as New ADODB. Connection。

② 用 Connection 对象的 ConnectionString 属性确定连接符串。例如，通过 s = "Provider = Microsoft Jet. OLEDB 4. 0；……。

（3）打开数据库：通过 Connection 对象的 Open 方法打开到数据源的连接。

Connection 对象的 Open 方法的语法格式如下：

　＜Connection 对象名＞. Open ＜ConnectionString；＞,［UserID］,［Password］,［OpenOptions］

功能：打开到数据源的连接。

说明：

① ConnectionString：连接字符串。

② UserID：建立连接时使用的用户名，可选。

③ Password：建立连接时所用的密码，可选。

④ OpenOptions：ConnectOptionEnum 值。如果设置为 adConnectAsync，则异步打开连接，可选。

例如：s = "Provide = Microsoft. Jet. OLEDB. 4. 0;DataSource = . \Sysscores. mdb;"cnn,Open s

（4）创建记录集：

建立 Recordset 对象。例如：

Dim rst asADODB. Recordset

Set rst = New ADODB. Recordset

（5）打开记录集：

通过 Recordset 对象的 Open 方法打开一个表，查询结果或者以前保存的记录集中记录的游标指针。

Recordset 对象的 Open 方法格式如下：

　＜Recordset 对象名＞. Open ＜Source＞, ＜Active Connection＞［CursorType］,［LockType］,［Options］

功能：打开到记录集的连接。

说明：

① Source：可以是表名、SQL 语句、Command 对象的变量名、存储过程名。

② ActiveConnection：可以是 Connection 对象类型的变量名，也可以是一个连接字符串（ConnectionString）。

③ CursorType：确定提供者打开 Recordset 对象进应该使用的游标类型。各个符号常数值的意义如下：

adOpenForwardOnly：打开向前类型游标(默认值)。

adOpenKeyset：打开键集类型游标。

adOpenDynamic：打开动态类型游标。

adOpenStatic：打开静态类型游标。

④ LockType：指定打开 Recordset 对象所使用的记录锁定方法，默认为只读。各个符号常数值的意义如下。

adlockReadOnly：(默认值)只读——不能改变数据：

adlockPessimistic：保守式锁定(逐个)——提供者完成确保成功编辑记录所需的工作，通常通过在编辑时立即锁定数据源的记录来完成。

adlockOptimistic：开放式锁定(逐个)——提供者使用开放锁定，只在调用 Updata 方法时才锁定记录。

adlockBatchOptimistic：开放式更新——用于批量更新模式（与立即更新模式相对）。

⑤ Options：指示提供者如何操作 Source 参数，各个符号常数值的意义如下：

adCmdText：指示提供者应该将 Source 作为命令的文本定义来计算。

adCmdTable：指示 ADO 生成 SQL 查询以便从 Scource 命名的表返回所有行。

adCmdTableDirect：指示提供者更改从 Source 命名的表返回的所有行。

adCmdStoredProc：指示提供者应该将 Source 视为存储过程。

adCmdUnknown：指示 Source 参数中的命令类型为未知。

adCommandFile：指示应从 Source 命名的文件中恢复持久的（保存的）Recordset。

adExecuteAsync：指示应异步执行 Scource。

adFetchAsync：指示在提取 CacheSize 属性中指定的初始数量后，应该异步提取所有剩余的行。

例如：rst. Open "select ＊ from 学生学籍表"，cnn. adopenDynamic，adLockOptimstic

也可写为：rst. Open "select ＊ from 学生学籍表"，cnn. 3，3

该语句说明打开记录集"学生学籍表"，设定动态游标并使用开放式锁定。

（6）断开连接：当程序结束时应及时断开与数据源的连接，并清空和关闭记录源，以释放对象所占用的内在空间，节约资源，提高运行速度。例如本任务中的：

```
Cnn. Close
rst. close
Set cnn = nothing
Set rst = Nothing
```

### 3. 过程的应用

将程序分割成较小的逻辑部件可以简化程序设计任务，这些部件称为过程。每个过程编写一段程序，一个过程可以被另一个过程调用，用这些过程可以构造成一个完整、复杂的应用程序。因此，将应用程序分解成过程调试就比较容易，极大地简化了程序设计任务。

在 VB 中常用以下两种过程：子程序过程（Sub 过程）、函数过程（Function 过程）其中 Sub 过程不返回值，Function 过程返回一个值。

（1）定义过程：

利用"工具"菜单下的"添加过程"命令定义过程：

① 为想要编写函数和子程序过程的"窗体"或"标准模块"打开代码窗口。

② 单击"工具"菜单下的"添加过程"命令，显示"添加过程"对话框，如图 5.3。

③ 在图中的"名称"框中输入过程名 ExecuteSQL（过程名中不允许有空格）。

④ 在类型组中选取"子程序"定义子过程，选取"函数"定义函数过程。

⑤ 在范围组中选取"公有的"定义一个公共级的全局过程，选取"私有的"定义一个标准模块级或窗体级的局部过程。

⑥ 单击"确定"按钮，这时 Visual Basic 会自动在"代码"窗口中创建一个子过程或函数过程的框架，即过程的开始和结束语句。用户只需在该过程中编写所需的代码。

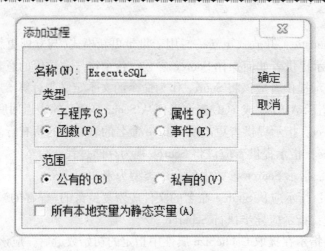

图 5.3　"添加过程"对话框

利用代码窗口直接定义过程：

为想要编写函数或子程序过程的窗体/标准模块打开代码窗口，把插入点放在所有过程之外，键入 Sub 子过程名或 Function 函数过程名，然后按回车即可出现过程的框架。

（2）过程的调用：子程序过程的调用有两种方式，一种是把过程名放在一个 Call 语句中，另一种是把过程名作为一个语句来使用。

① 用 Call 语句调用 Sub 过程。

格式：Call　过程名〔（实际参数）〕

Call 语句把程序控制传送到一个 Visual Basic 的 Sub 过程。"实际参数"是传送给 Sub 过程的变量或常数。如：Call compute（1，2）。其中：compute 是过程名，1，2 是实参列表。

② 把过程名作为一个语句来使用。在调用 Sub 过程时，如果省略关键字 Call，就成为调用 Sub 过程的第二种方式。与第一种方式相比，它有两点不同：

a. 去掉关键字 Call；

b. 去掉实际参数的括号。如：Compute 1，2。其中：Compute 为过程名。在过程名和实参之间至少要有一个空格。

**4. 错误处理**

错误处理是使用 VB 提供的错误处理语句中断运行中的错误，并进行处理。VB 可以截获的错误称为可捕获的错误，出错处理语句只能对这类错误进行处理。

（1）设置错误捕获：使用 On Error GoTo 设置错误捕获陷阱，从而截取或捕获错误。该语句使用的语法是：

On Error GoTo　line

其中 line 参数可以是任何行标签或行号。如果发生一个运行时错误，则控件会跳到 line，激活错误处理程序。指定的 line 必须在一个过程中，这个过程与 On Error 语句相同；否则会发生编译错误，如果预感到某个过程会产生错误，就可以在该过程中使用 On Error GoTo 语句设置错误捕获。

（2）Resume 语句：在错误处理程序中，处理了错误之后需要决定程序下面的动作，这可以使用 Resume 语句来完成，VB 中提供了 Resume、Resume Next、Resume Line 语句在此统称为 Resume 语句。

当程序出现了一个可捕获的错误后，Resume 语句将返回至出错语句处执行，即允许用户再尝试引起错误的操作。例如，当用户打开一个文件出错时，可以使用该语句使用户再次尝试打开文件的操作。

有时候当错误发生之后，不需要再尝试产生错误的操作，此时可以使用 Resume Next 语句或 Resume Line 语句。其中，Resume Next 语句将返回到程序中产生错误语句的下一条语句处执行，即跳过产生错误的语句继续执行。Resume Line 语句则返回到程序中指定的标号处继续执行。如打开一个文件时，如果文件不存在，将产生一个可捕获的错误，此时需要用户重新定位该文件。

（3）Err 对象：Err 对象是 VB 预定义的对象，可用于获得发生的错误。

Err 对象最重要的属性之一是 Number 属性，该属性返回或设置一个错误号。VB 中定义了许多出错号，例如，错误号 6 表示溢出，错误号 11 表示被零除等。关于错误号的完整列表可以查阅 VB 的联机帮助。

Descriptoin 属性是某一错误号错误的描述，例如，对于 6 号错误，其错误描述为"除数为零"。

使用 Err 对象可以更为准确地处理错误。通常在一个过程中，可能并不只发生一种错误，此时可通过检查 Err 对象的 Number 属性针对特定的错误进行相应的错误处理。事实上，通常的错误处理对所有可预知的错误进行相应处理，表现为分支结构。如本例中的"备份"操作。

# 五、学生操作

应用数据库连接知识及 Data 控件，实现仓库管理用户的登录界面与数据库的连接，并根据数据库不同用户的用户名、密码及权限的判定，实现真正的密码验证登录。考核点：

（1）用户界面设计与布局；

（2）应用程序与数据库的正确连接，特别是相对路径和绝对路径的处理；

（3）正确判定登录用户的合法性（选择结构的使用和数据表记录的访问）；

（4）对于不合法数据的判定处理以及细节的完善。

# 六、任务考核

任务考核见表5.1。

表5.1 任务考核表

| 序号 | 考 核 点 | 分 值 |
|---|---|---|
| 1 | 登录用户界面的布局与控件显示设置 | 2分 |
| 2 | 控件组合框 Combox 的常用属性和方法 | 1分 |
| 3 | 数据库中的表与应用程序的连接 | 2分 |
| 4 | 数据库用户登录的判定（关键过程及方法） | 3分 |
| 5 | 用户登录验证功能的完善 | 2分 |

# 七、知识扩展

## 1. ADO 技术

ADO 技术是微软公司推出的最新和最强大的数据库访问技术，它被设计用来同新的数据访问层 OLEDB 一起协同工作，以提供通用的数据访问接口。OLEDB 是一个低层的数据访问接口，用它可以访问各种数据源。这些数据源包括关系型和非关系型数据库、电子邮件和自定义的商业对象。ADO 提供的编程模型可以完成几乎所有的访问和更新数据源的操作。

使用 ADO 技术编写数据库应用程序一般可以通过两种途径。一种是通过 VB 提供的 ADO 控件，只需编写很少的代码就能实现对数据库的常规操作；另一种是通过 ADO 对象，完全通过编写代码实现对数据库的访问。在程序中，往往会遇到比较复杂的情况，只利用 ADO 控件编写程序不能满足复杂数据库应用系统设计的要求。因此，常常需要采用 ADO 对象进行编程。

ADO 对象模型：ADO 对象模型定义了一个可编程的分层对象集合，主要由三个对象成员：Connection、Command 和 Recordset 对象，以及几个集合对象 Errors、Parameters 和 Fields 等所组成。图 5.4 示意了这些对象彼此之间的关系，表 5.2 是这些对象的分工。

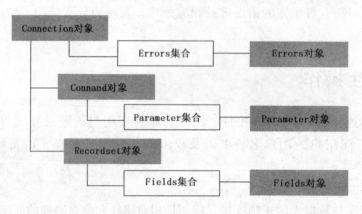

图 5.4    AOD 对象模型

**表 5.2    ADO 对象模型提供的对象**

| 对象名 | 描 述 |
| --- | --- |
| Connection | 连接数据源 |
| Command | 从数据源获取所需数据的命令信息 |
| Recordset | 所获取的一组记录组成的记录集 |
| Error | 在访问数据时，由数据源所返回的错误信息 |
| Parameter | 与命令对象相关的参数 |
| Field | 包含了记录集中某个字段的信息 |

① 连接（Connection）对象：Connection 对象是交换数据所必需的环境，通过 Connection 对象可使应用程序访问数据源，Connection 对象的常用属性和方法见表 5.3，ADO 支持的 ConnectionString 属性参数见表 5.4。

**表 5.3　Connection 对象的常用属性和方法**

| 对象名 | 描　述 |
|---|---|
| ConnectionString | 设置到数据源连接信息(字符串)。它由一系列分号分隔的"参数名 = Value"语句组成的字符串来指定数据源 |
| Open 方法 | 打开到数据源的连接 |
| Execute 方法 | 对连接执行各种操作 |
| Cancel 方法 | 取消 Open 或 Execute 方法的调用 |
| Close 方法 | 关闭打开的 Connection 对象 |

**表 5.4　ConnectionString 属性**

| 参数 | 说　明 |
|---|---|
| Provider | 指定用来连接的提供者名称 |
| DataScource | 指定包含预先连接信息的特定提供者的文件名 |
| RemoteProvider | 指定打开客户端连接时使用的提供者名称(仅限于 Remote Data Service) |
| Remote Serve | 指定打开客户端连接时使用的服务器路径名(仅限于 Remote Data Service) |

② 命令(Command)对象：Command 对象对数据源执行的命令。通过已经建立的连接发出的命令以某种方式来操作数据源，一般情况下命令可以是在数据源中添加、删除或更新数据，Command 对象的常用属性和方法如下：

AcitveConnection 属性：用于设置或返回指定的 Recordset 对象当前所属的 Connection 对象。

CommandText 属性：指定发送的命令文本，如 SQL 语句、数据表名称等。

CommandType 属性：设置或返回 CommandTetxt 的类型。

Execute 方法：执行 CommandText 属性指定的操作。

Cancel 方法：取消 Execute 方法的调用。

③ 记录集(Recordset)对象：Recordset 对象是来自数据表或命令执行结果的记录集合，Recordset 对象所指出的当前记录均为集合内的单个记录。Recordset 对象的主要属性除前面介绍过的内容之外，还有一个重要的属性 CursorLocatin 属性。CursorLocatin 属性用于设置连接对象或命令对象的游标位置，游标位置有两种：客户端游标(adUseClient)和服务器端游标(adUseServer)，默认值是 adUseServer。

④ Error 对象：使用 Error 对象 Command 集合检查数据源返回的错误。

⑤ Parameter 对象与 Parameters 集合：Command 对象具有由 Parameter 对象组成的 Parameters 集合。其中，Parameter 对象被用于支持参数化查询，或提供存储过程中的参数。

⑥ Field 对象与 Fields 集合：Recordset 对象含有由 Field 对象组成的 Fields 集合。每个 Field 对象对应于 Recordset 中的一列。使用 Field 对象的 Value 属性可设置或返回当前记录对应字段的数据，Field 对象的常用属性如下：

Name：返回字段名；

Value：查看或更改字段中的数据；

DefinedSize：返回已声明的字段大小；

ActualSize：返回给定字段中数据的实际大小。

**2. 过程**

(1) 过程：过程是构成程序的一个模块，往往用来完成一个相对独立的功能。过程可以使程序更清晰，更具有结构性，所以把程序分割成较小的逻辑部件就可以简化程序设计的任务，这些部件称为过程。

（2）用过程编程有两大好处：

① 过程可以把程序划分成离散的、较小的逻辑单元，每个单元都比无过程的整个程序容易调试，而且过程可用于压缩重复任务或共享任务。

② 一个程序中的过程往往不必修改，或只需稍作改动便可以成为另一个程序的构件。

（3）Visual Basic 中过程的分类：

① 通用过程。通用过程包括子程序过程（或称作 Sub 过程）和函数过程（或称作 Function 过程）。

② 事件过程。事件过程就是用户编写的程序代码。若对象响应某个事件后所执行的操作就是通过一段程序代码来完成的，则这样的一段程序代码就是事件过程。

（4）子程序过程。Sub 过程的定义格式：

[ Private | Public ][ Static ]Sub 过程名（参数列表）

　　　语句

　　　[ Exit Sub ]

　　　语句

End Sub

① 格式说明：Sub 过程以 Sub 开头，以 End Sub 结束，在 Sub 和 End Sub 之间是描述过程操作的语句块，称为"过程体"或"子程序体"。其中过程名的命名规则与变量的命名规则相同，注意不要与 Visual Basic 关键字重名，也不要与 Windows API 函数重名，也不能与同一级别的变量名重名，过程名在一个程序中要具有惟一性。

② 关键字说明。格式中的 Private、Public、Static 用来指定过程的访问类型，"参数列表"含有在调用时传送给该过程的简单变量名或数组名，名字与名字之间用逗号隔开。"参数列表"指明了调用时传送给过程参数的类型和个数。

a. Private：表示 Sub 过程是私有过程，只能被本窗体中的其他过程访问，不能被其他窗体（指多窗体工程）中的过程访问。

b. Static：指定过程中的局部变量在内存中的存储方式。如果使用了 Static 关键字，则该过程中的局部变量就是"Static"类型，局部变量的值保持不变；如果省略了"Static"，则局部变量就默认为"自动"类型，即在每次调用过程时，局部变量被初始化为 0 或空字符串，Static 对在过程之外定义的变量没有影响。其他窗体调用时必须加上该过程所在的窗体名称。

c. Public：表示 Sub 过程是公有过程，可以在程序的任何地方调用。主要应用于标准模块或窗体模块中，而且关键字 Public 可以省略。

在窗体模块中定义的 Public 过程，在其他窗体模块也可以使用，但必须加过程所在的窗体名称，如：Form1.add，而且每次调用该过程，过程中的局部变量被重新初始化。

（5）函数过程：前面介绍了子程序过程，它不直接返回值，可以作为独立的基本语句调用。而函数过程要返回一个值，通常出现在表达式中。Visual Basic 包含许多内部函数，如 Sqr、Cos 或 Chr。此外，还可用 Function 语句编写自己的 Function 过程。函数实际是实现一种映射，它通过一定的映射规则，完成运算并返回结果。函数的定义方式与 Sub 过程很相似，可以说只不过用 Function 关键字取代 Sub 关键字，同时加入返回值类型说明即可定义函数过程。自定义函数过程的语法格式为：

［Private|Public|Static］Function 过程名（［参数表列］）［As 类型］

　　　　语句

　　函数名＝表达式

　　Exit Function

　　　　语句块

End Function

说明：

① Function 过程以 Function 开头，以 End Function 结束，在两者之间是描述函数过程操作的语句块，即"过程体"或"函数体"。

② 调用 Sub 函数相当于执行一个语句，不直接返回值；而调用 Function 过程要返回一个值，因此可以像内部函数一样在表达式中使用。

③ 因为过程不能嵌套，因而不能在事件过程中定义通用过程，只能在事件过程内调用通用过程。

"函数名＝表达式"中，函数名是函数过程的名称，它遵循变量的命名规则，表达式的值是函数过程的返回值，通过赋值符号将其赋给函数名。如果无此项，则函数过程返回一个默认值，数值型函数返回 0，字符型函数返回空字符串。

函数过程的调用：Function 过程的调用比较简单，可以像使用 Visual Basic 内部函数一样来调用 Function 过程。实际上由于 Function 过程只能返回一个值，因此完全可以把它看成是一个函数，它与内部函数（如 Sqr、Str＄、Chr＄等）没有什么区别，只不过内部函数由语言系统提供，而 Function 过程由用户自己定义。

**3. VB 程序调试与错误处理**

（1）常见错误类型：Visual Basic 程序错误一般可分为语法错误、编译错误、运行错误和逻辑错误这四种类型。

① 语法错误。语法错误是由于在设计时输入了不符合 Visual Basic 6.0 语法规则的语句产生的。例如拼错关键字、遗漏了标点符号等，这类错误很容易被 Visual Basic 系统发现并处理。当输入程序代码时，Visual Basic 内部的编译器会对程序自动进行语法检查，一旦发现错误，就会弹出一个相应的错误提示对话框，显示出错信息，并将出错的一行语句变成红色，提示程序员进行更正。

② 编译错误。编译错误是指 Visual Basic 在编译应用程序的过程中发现的错误，通常是由于不正确的代码结构而产生的。例如，出现未定义的变量、函数或子程序等。当编译程序时，Visual Basic 就会弹出一个编译错误提示对话框，并以高亮度显示出错行，提醒程序员对错误进行修改。

③ 运行错误。运行错误是指应用程序在运行时发生的错误，如程序代码执行了非法操作或某些操作失败。出现这类错误的程序一般语法没有错误，编译也能通过，只有在运行时才出错，例如 0 作除数、数组下标越界、文件未找到等。在这种情况下运行时会弹出错误提示，显示出错的错误号及其说明。

④ 逻辑错误。逻辑错误指的是应用程序的运行结果与预期的结果不相同。此时，程序中并无语法和编译错误，程序可以运行，但运行结果不对。这种错误是程序本身存在逻辑上的缺陷引起的。逻辑错误系统不会提供错误信息，因而难于发现。但 Visual Basic 提供了程序调试功能以便程序员查找该类错误。

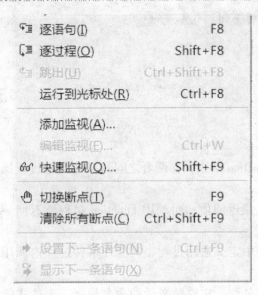

图 5.5 "调试"菜单

（2）程序调试：程序中的错误是难以避免的，尤其是逻辑错误。为此 Visual Basic 不但提供了专门的调试工具来帮助程序设计人员查找并排除错误，而且还提供了有关的捕获错误和处理的语句用于设计错误处理程序。

① 调试工具。调试工具的功能是提供应用程序的当前状态，以便程序员分析代码的运行过程，了解变量、表达式和属性值变化情况。有了调试工具，就能深入到应用程序内部去观察，从而确定到底发生了什么以及为什么会发生。

Visual Basic 提供的调试功能设计在菜单项"调试"下，如图 5.5 所示。调试工具包括断点、中断表达式、监视表达式、逐语句运行、逐过程运行、显示变量和属性的值等。Visual Basic 提供了一个专用的程序调试工具栏，如图 5.6 所示。在菜单项"视图"→"工具栏"→"调试"，可打开调试工具栏。

图 5.6 调试工具栏

每个调试工具的作用如下：

断点：程序运行到该处将暂时停止运行；

逐语句：执行程序代码的下一行，并跟踪到过程中；

逐过程：执行程序代码的下一行，但不跟踪到过程中；

跳出：执行当前过程的其他部分，并在调用过程的下一行处中断执行。

在 Visual Basic 的众多的调试工具中，断点调试工具是最常用的一个调试工具。

设置断点的步骤如下：

a. 在程序代码窗口中将光标移到设置断点的语句行。

b. 选择菜单项"调试"→"切换断点"选项，或者直接按 F9 键，或者在调试工具栏上单击"切换断点"按钮，该语句行变成高度的粗体显示，加上红色标记，并在该行左侧出现一个醒目的大圆点。当程序执行到这条语句时，就会暂时停止并进入中断模式。

② 调试窗口。Visual Basic 提供了三个调试窗口：立即窗口、监视窗口和本地窗口。利用它们来监视所跟踪过程中的变量和表达式值的变化情况，以便找到错误的原因。

通过菜单项"视图"下的"立即窗口"、"监视窗口"和"本地窗口"菜单项可分别打开这些调试窗口：

① 立即窗口：立即窗口用来在不中断程序运行的状态下，显示当前正在调试的语句或者在其中输入的命令所产生的信息，检查或重新设置变量或属性的值，以及直接测试过程和函数。

立即窗口有如下两种使用方法：

a. 直接在立即窗口中输入语句，例如键入"？x"，则将变量 x 的值显示在窗体上。

b. 在程序中用 Print 方法将某些变量、表达式或属性的值直接输出到立即窗口中，其语法格式为：Debug. Print［表达式］。

② 监视窗口：监视窗口的功能是在代码运行过程中监控并显示当前监视表达式的值。

向监视窗口添加监视表达式的步骤如下：

a. 选择"调试"菜单下的"添加监视"菜单项，打开"添加监视"对话框，如图 5.7 所示。

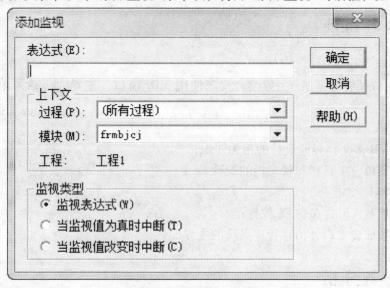

图 5.7　"添加监视"对话框

b. 在对话框中输入相应的监视表达式、上下文及类型。其中"表达式"中输入要监视的表达式或参数名；"上下文"用于选择所要考察的过程和模块，监视表达式将在这些过程或模块中进行计算，并在监视窗口中显示其值。若当前语句不在指定的上下文中，则监视窗口中的"值"只显示一条消息；"监视类型"用于指定在何种条件下进入中断模式。

③ 本地窗口：本地窗口可以显示当前过程中所有变量和对象的值，如图 5.8 所示。当程序从一个过程运行到另一个过程时，本地窗口中的内容随之变化，也就是说它只反映当前过程中可用的变量和对象。

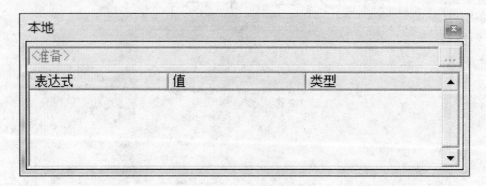

图 5.8　本地"窗口"

# 任务六 系统主界面设计

## 一、任务目标

**1. 功能目标**

创建"学生成绩管理系统"主界面，要求使用 MDI 窗口，主界面包括菜单项、工具栏、状态栏等。

**2. 知识目标**

（1）掌握 VB 多文档界面设计的相关知识；

（2）掌握菜单、工具栏和状态栏的设计。

**3. 技能目标**

（1）能够加载 VB 的 ActiveX 控件；

（2）能够按照要求设计信息管理系统的主界面。

## 二、任务分析

要实现如图 6.1 所示的系统主界面的设计，应解决以下问题：

（1）如何创建多文档用户窗体；

（2）如何在窗体上设计菜单；

（3）如何设计应用程序的工具栏和状态栏。

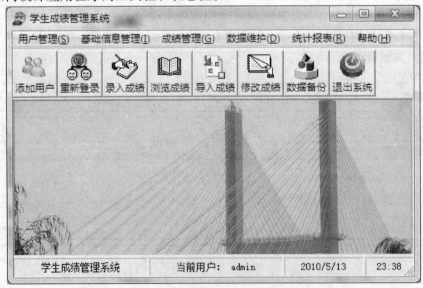

图 6.1 学生成绩管理系统主界面设计

# 三、过程演示

## 1. 添加 DMI 窗体

打开工程文件进入 VB 集成开发环境，选择菜单项"工程(P)"→"添加 MDI 窗体(I)"命令，在出现的"添加 MDI 窗体"对话框中选择"打开"命令按钮即创建了 MDI 窗体。

## 2. 界面设计

（1）菜单设计。根据系统架构设计创建主窗体菜单，过程如下：

选择"frmMain"窗体，单击鼠标右键，在快捷菜单中选择"菜单编辑器"，出现菜单编辑器对话框，进行系统菜单设计，如图 6.2 所示，具体的菜单项设计见表 6.1。

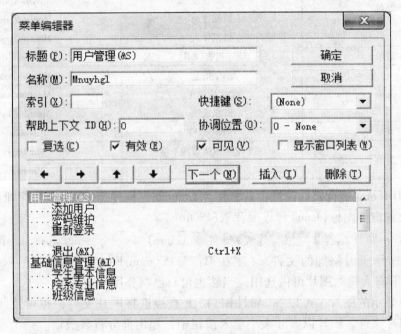

图 6.2 "菜单编辑器"对话框

**表 6.1 菜单项属性设置**

| 说明 | 标题（Caption） | 名称（Name） |
|---|---|---|
| 主菜单 | 系统管理(&S) | Mnuyhgl |
| 子菜单 | 添加用户 | Mnuyhgl_yhgl |
| | 密码维护 | Mnuyhgl_mmwh |
| | 重新登录 | Mnuyhgl_cxdl |
| | - | Line1 |
| | 退出(&X) | Mnuyhgl_tc |
| 主菜单 | 信息管理(&I) | Mnuxxgl |
| 子菜单 | 学生基本信息 | Mnuxxgl_xsxx |
| | 院系专业信息 | Mnuxxgl_yxzy |
| | 班级信息 | Mnuxxgl_bjxx |
| | 课程信息 | Mnuxxgl_kcxx |

续表

| 说明 | 标题（Caption） | 名称（Name） |
|---|---|---|
| 主菜单 | 成绩管理 | Mnucjgl |
| 子菜单 | 成绩录入 | Mnucjgl_cjlr |
|  | 成绩查询（&Q） | Mnucjcx |
|  | 班级成绩查询 | Mnuxxcx_bjcj |
|  | 入学以来成绩 | Mnuxxcx_rxcj |
|  | 成绩修改 | Mnucjgl_cjxg |
| 主菜单 | 数据维护（&D） | Mnusjwh |
| 子菜单 | 数据备份 | Mnusjwh_sjbf |
|  | 数据恢复 | Mnusjwh_sjhf |
|  | 数据导出 | Mnusjwh_sjdc |
|  | 数据导入 | Mnusjwh_sjdr |
| 主菜单 | 统计报表（&R） | Mnutjbb |
| 子菜单 | 学生信息 | Mnutjbb_xsxx |
|  | 学生成绩单 | Mnutjbb_xscj |
|  | 班级成绩 | Mnutjbb_bjcj |
| 主菜单 | 帮助（&H） | Mnubz |
| 子菜单 | 关于学生成绩管理系统 | Mnubz_gy |
|  | 帮助 | Mnubz_bz |

对窗体 MDIForm 进行属性设计，其名称为 frmmain，标题为"学生成绩管理系统"，并根据系统特征设置窗体图标（Icon）和界面背景（Picture）。

窗体的 Icon 属性选择 <u>Icon</u>　　　　（Icon）　　　...｜选择 ...｜弹出"加载图标"对话框，选择所需添加的文件。（注在 C：\ Program Files \\ Microsoft Visual Studio \ Graphics 路径下有大量的图片可供选用，当然也可自己制作图片文件）。

该属性中显示的图片，可以在"属性窗口"上直接选择图片文件，也可使用 LoadPicture 函数来装载图片文件。图片以实际大小填入按钮中，超出部分将被裁切。

使用 LoadPicture 函数来装载图片文件的格式为：

［对象名称］. Picture = LoadPicture（"路径 + 文件名"）

本例：frmmain. Icon = LoadPicture（" C：\ProgramFiles \pvb6 \common \GRAPHICS \ICONS \ INDUSTRY\CARS. ICO"）

注意：相对路径与绝对路径的使用，在程序设计过程中可以将所需要的图片与当前工程共同保存在相应的文件夹中。

（2）添加工具栏。

① 在工具箱添加 ActiveX 控件。在窗体上添加工具栏之前先要添加 ActiveX 控件，在工具箱上单击鼠标右键，选择"部件"选项，打开"部件"对话框。选中"Microsoft Windows Common Controls 6.0"。工具栏中出现了 ImageList 🗗、Toolbar 🔲控件和 StatusBar ▦控件等控件。

② 添加控件到主窗体。在工具栏上分别双击控件 ImageList 🗗、控件 Toolbar 🔲和控件 StatusBar ▦，其中控件 Toolba 自动显示在菜单下方，控件 StatusBar 显示在窗体的下方，ImageList 控件在运行时不可见，不用再调整其位置。

③ 创建 ImageList 控件作为要使用的图形的集合。选中 ImageList 控件，单击鼠标右键，选择"属性"对话框，打开 ImageList 控件的属性页，选择"图像"选项卡，选择"插入图片"按钮，插入所需图片，所有图片插入结束，结果如图 6.3 所示。

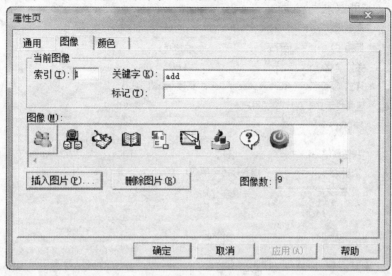

图 6.3 ImageList 控件的属性页图像

注意：ImageList 的"索引"值，在后面的工具栏设置中要用到。

④ 创建 Toolbar 控件。选中 Toolbar 控件，单击右键出现 Toolbar 控件属性页。进行如下设置：

1）将 Toolbar 控件与 ImageList 控件相关联：选择"图像列表（I）后的下拉列表，如图 6.4 所示，选择"ImageList1"。

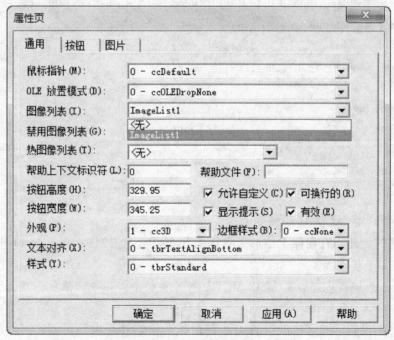

图 6.4 Toolbar 控件属性页之"通用"

2）创建 Button 对象，选择"按钮"选项卡，进行如图 6.5 设置。

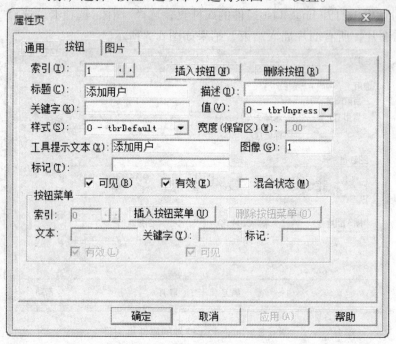

图 6.5　Toolbar 控件属性页之"按钮"

3）在 ButtonClick 事件中添加代码。ButtonClick 事件是当单击工具栏上的某个按钮时触发的。例如：单击工具栏 Toolbar1，通过按钮对象的索引（Index）属性来标识被单击的是哪个按钮。程序代码如下：

```
Private Sub Toolbar1_ButtonClick(ByVal Button As MSComctlLib. Button)
Select Case Button. Index
    Case 1
    'frmtjyh. Show      调用添加用户窗体
    Case 2
    'frmlogin. Show
    Case 3
" …省略
End Select
    End Sub
```

（3）状态栏。状态栏具体步骤如下：

① 状态栏的创建。在窗体上添加工具箱的 StatusBar 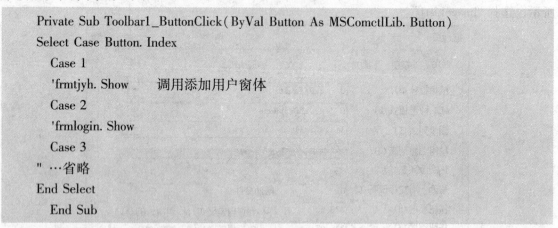 控件；双击 StatusBar，在窗体的底部就会出现一个状态栏。

说明：状态栏控件也包含在 MSCOMCTL. OCX 文件中，一般如果能创建工具栏即可创建状态栏。

② 状态栏的设置。状态栏的设置主要包括状态栏的外观设置、创建需要的窗格、设置窗格的属性等。

选中 StatusBar 控件，单击鼠标右键，在弹出的快捷菜单中选择"属性"命令，出现"属性页"对话框,选择"窗格"选项卡,在如图 6.6 所示位置输入"学生成绩管理系统",单击"插入窗格"命令,依次添加四个"窗格",在第三个窗格中选择"样式"为"6 – sbrDate",第四个窗格中选择"样式"为"5 – sbrTime"。四个窗格的"对齐"都为"1 – sbrCenter",自动调整大小都为"1 – – – – – sbrSpring"。

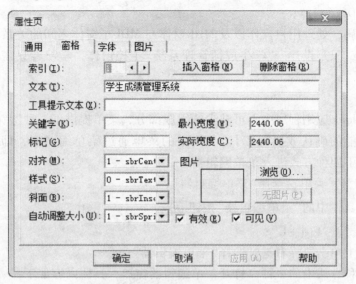

图 6.6　状态栏属性页之"窗格"

③ 在第二个窗格上显示当前用户为登录的用户:

```
Private Sub MDIForm_Activate( )
    StatusBar1. Panels(2). Text = "当前用户:" & Tyhm        'Tyhm 为当前登录用户名
End Sub
```

说明:状态栏包含有一个窗格对象的集合 Panels,该集合的成员是每个窗格。要引用某个窗格既可以通过窗格的索引值 Index,也可以通过每个窗格的关键字 Key。在状态栏显示当前登录的用户名,根据不同的用户显示内容也是动态的,所以用代码来实现,因为用户名显示在每二个窗格,所以 index 值为 2,即有 StatusBar1. Panels(2),此窗格的文本显示为"当前用户:"& Tyhm。考虑到用户重新登录后,用户可能要变,所以将此设置放置在 MDIForm_Activate( )。重新登录窗体不同其他窗体,它不是子窗体,所以只要重新登录了,主窗体就执行 Activate 事件,就会显示不同的用户在状态栏上。

补充:Tyhm 为当前登录用户名,因为作用于系统的所有窗体,所以是一个模块级的 Public 变量,具体的定义在下一任务中详细讲解。如果运行出现问题,可暂时注释起来。

# 四、知识要点

## 1. 多文档界面 MDI

MDI( Muli – Document Interface)是指在一个窗体中含有多个窗体,并可在各个窗体中显示不同的文档。在 VB 中要创建以文档为中心的应用程序,至少需要两个窗体:一个 MDI 窗体和一个子窗体。一般来说,应用程序可以包含许多相似或者样式不同的 MDI 子窗体。也就是说,多重文档是由"父窗口"和"子窗口"构成的。在程序运行时,子窗体显示在 MDI 父窗体工作空间之内（其区域在父窗体边框以内及标题与菜单栏之下）。当子窗体最小化时，它的图标显示在 MDI 窗体的工作空间之内，而不是在任务栏中，如 Microsoft Word 和 Microsoft Excel 就是多文档界面应用程序。创建 MDI 应用程序的一般步骤为：

（1）创建 MDI 窗体；

（2）创建 MDI 子窗体；

（3）编写代码，处理用户操作以及 MDI 窗体与 MDI 子窗体之间的关系。

对于本任务，只是设计一"学生成绩管理系统"主控窗体，学习者只需学会创建 MDI 窗体即可。

**2. 菜单**

菜单是 Windows 应用程序中不可缺少的组成部分，菜单提供了一种特殊控件方式常被用来作为命令、功能的确认或执行工具。VB 中的菜单通过菜单编辑器，即菜单设计窗口建立。可以通过以下四种方式进入菜单编辑器：

（1）打开"工具"菜单，选择"菜单编辑器"；

（2）单击工具栏中的"菜单编辑器"按钮 📋；

（3）使用快捷键"Ctrl + E"；

（4）在窗体上单击鼠标右键，选择"菜单编辑器"命令。

使用上面四种方法中的一种，打开菜单编辑器窗口，具体内容如下：

① 标题。"标题"框用于设置在菜单栏上显示的文本。

如果菜单打开的是一个对话框，在标题文本后面应加"…"

如果菜单要通过键盘来执行相应操作，使某一字符成为该菜单项的访问键，可以用"(& + 访问字符)"的格式。

② 名称。在"名称"文本框中，设置在代码中引用该菜单项的名字。菜单项名字应当惟一，但不同菜单中子菜单项可以重名。

③ 快捷键。可以在快捷键组合框中输入快捷键，也可以选取功能键或键的组合来设置。快捷键将自动出现在菜单上，要删除快捷键应选取列表项顶部的"(none)"。注意：菜单条上的第一级菜单不能设置快捷键。

④ 其他属性。帮助上下文：指定一个惟一的数值作为帮助文本的标识符，可根据该数值在帮助文件中查找适当的帮助主题。

协调位置：与 OLE 功能有关，一般取 0 值。

复选（Checked）属性：如果选中（√），在初次打开菜单项时，该菜单项的左边显示"√"。在菜单条上的第一级菜单不能使用该属性。

有效（Enabled）属性：如果选中（√），在运行时以清晰的文字出现；未选中则在运行时以灰色的文字出现，不能使用该菜单项。

显示窗口列表（WindowList）属性：当菜单要包括一个打开的所有 MDI（多文档界面）子窗口的列表时，选中（√）此项。

⑤ 移动、插入、删除菜单项。当需要建下一个子菜单时，可选取"下一个"或者单击"插入"按键。单击"下一个"，或者单击"插入"按钮。单击" ➡ "按钮，缩进级前加四个点(....)；单击" ⬅ "按钮则删除一个缩进级。

" ⬆ "或" ⬇ "按钮：上移或者下移所选菜单项。

"插入"和"删除"按钮：插入和删除菜单项。

⑥ 分隔条。分隔条为菜单项间的一个水平线，当菜单项很多时，可以使用分隔条将菜单项划分成一些分组。

如果想增加一个分隔条，选取"插入"，在"标题"文本框中键入一个连字符"－"。虽然分隔条是当作菜单控件来创建的，但不能被选取。

### 3. 工具栏

一般桌面应用程序菜单项下面都有工具栏，将应用系统中常用的操作设置在工具上，主要目的是方便用户操作。

创建工具栏具体步骤如下：

(1) 创建 ImageList 控件。ImageList 控件的作用像图像的储藏室，ImageList 控件不能独立使用，它需要 Toolbar 控件来显示所储存的图像。

在设计时，将 ImageList 放置在窗体的任何位置，选中单击右键出现 ImageList 属性页，按照需要将图像顺序插入到 ImageList 中。注意：一旦 ImageList 关联到其他控件，就不能再删除或插入图像了。

(2) 将 Toolbar 控件与 ImageList 控件相关联：

Toolbar 控件包含了一个按钮(Button)对象集合，可以通过添加按钮(Button)对象来创建工具栏，Toolbar 与 ImageList 控件关联的步骤如下：

① 创建一个 Toolbar 控件 Toolbar。

② 用鼠标右键单击 Toolbar 控件出现弹出式快捷菜单，选择"属性"命令，则出现"属性页"。其中主要的属性有：

a. "索引"文本框(对应 Index 属性)。该属性是 Buttons 按钮集合的下标值，相当于按钮的序号。

b. "标题"文本框(对应 Caption 属性)。该属性用来设置或返回按钮的标题。

c. "描述"文本框(对应 Description 属性)。该属性用于返回或设置按钮的描述信息，其属性值为字符型。

说明：

如果按钮设置了该属性，则在程序运行过程中，双击工具栏，可以调出"自定义工具栏"对话框。该对话框会显示出所有按钮的描述内容，并可进行调整按钮的相对位置、重新设置或删除按钮，加入分割符操作。

d. "关键字"文本框(对应 Key 属性)。该属性与索引属性相似，也是与工具栏中的按钮——对应的标识，用于通过 Buttons 集合来访问工具栏中的按钮。该属性值为字符型，是可选项，其值可以为空。

说明：

在程序中设置该属性时，其字符串值必须用双引号括起来。

e. "值"列表框(对应 Value 属性)。该属性用于返回或设置按钮的状态，一般用于对开头按钮或编组按钮的初始状态进行设置。其属性值有以下两种：

0——tbrUnpressed：按钮未被按下，默认设置。

1——tbrPressed：按钮被按下。

f. "样式"列表框(对应 Style 属性)。该属性用来设置按钮的样式，其属性值及含义见表6.2。

表 6.2   Style 属性的取值及含义

| 常数 | 值 | 按钮 | 说明 |
|------|----|------|------|
| tbrDefault | 0 | 普通按钮 | 按钮按下后恢复原态，如"新建" |
| tbrCheck | 1 | 开关按钮 | 按钮按下后将保持按下状态，如：加粗" |
| tbrButtonGroup | 2 | 编组按钮 | 一组按钮同时只能一个有效，如"右对齐" |
| tbrSeparator | 3 | 分隔按钮 | 宽度为 8 个象素的特殊按钮，只是用来把它左右的按钮分隔开来 |
| tbrPlaceholder | 4 | 占位按钮 | 用来安置其他控件，可设置按钮宽度（Width） |
| tbrDropdown | 5 | 菜单按钮 | 具有下拉式菜单，如"字符缩放"按钮 |

g. "宽度"文本框（对应 Width 属性）。该属性用于设置上位按钮的宽度，其属性值为数值类型。

h. "工具提示文本"列表框（对应 ToolTipText 属性）。该属性用于返回或设置按钮的提示信息，程序运行时，将鼠标指针移到按钮上时，会显示该文本框的文字信息。

i. "图像"框（对应 Image 属性）。该属性用于加载按钮上的图像。

③ 在"属性页"的"通用"选项卡的"图像列表"中，单击下拉箭头，选择"ImageList1"。

④ 将"属性页"切换到"按钮"选项卡，重复创建按钮（Button）对象。

（3）编写 ButtonClick 事件代码：ButtonClick 事件是当单击工具栏上的某个按钮时触发的。例如，单击工具栏 Toolbar1，通过按钮对象的索引（Index）属性来标识被单击的是哪个按钮。程序代码如下：

```
Private Sub Toolbar1_ButtonClick( ByVal Button As MSComctlLib. Button)
Select Case Button. Index
    Case 1
    ' 调用文件可使用的过程 如 frmtjyh. show
    Case 2
    ' 文件可使用的过程
    Case 3
    ' 文件可使用的过程
    '…省略
End Select
    End Sub
```

**4. 状态栏**

应用程序中的状态栏用于对系统信息的一些说明，如应用程序的当前状态、用户信息以及日期时间等。

（1）状态栏主要属性如下：

① "索引"（对应 Index 属性）和"关键字"（对应 Key 属性）文本框：这两个属性的作用与工具栏相应属性基本相同，主要用来标识状态栏中不同的窗格。

② "文本"框（对应 Text）：该属性用来在窗格中显示需要的信息。

③ "工具提示文本"（对应 ToolTipText 属性）文本框：该属性用来返回或设置窗格中的提示信息，与工具栏相应选项的作用基本相同。

④ 对齐"下拉列表（对应 Alignment 属性）：该属性用来返回或设置窗体中的位置。其属

性值有以下几种：

0——strLeft：文本在位图的左侧，以左对齐方式显示。

1——sbrCenter：文本在位图的右侧，以右对齐方式显示。

2——sbrRight：文本在位图的左侧，以右对齐方式显示。

⑤ 样式"下拉列表框(对应 Style 属性)：该属性用来设置状态栏中显示信息的数据类型，其属性值有以下几种：

0——stText：文本或位图。

1——sbrCaps：显示 Caps Lock 的状态。

2——sbrNum：显示 Num Lock 的状态。

3——strIns：显示 Insert 键的状态。

4——sbrScrl：显示 Scroll Lock 的状态。

5——sbrTimet：以 System 格式显示当前时间。

6——strDate：以 System 格式显示当前日期。

⑥ "斜面"列表框(对应 Bevel 属性)：该属性用来设置状态栏是否能够自动调整大小。其属性值有以下几种：

0——stNoBevel：窗格暗淡无光平面样式。

1——sbrInsert：窗格显示凹进样式。

2——sbrRaised：窗格显示凸起样式。

⑦ "自动调整大小"列表框(对应 AutoSize 属性)：该属性用来设置状态栏是否能够自动调整大小。其属性值有以下几种：

0——strNoAutoSize：该窗格的宽度始终由 Width 属性指定。

1——sbrSpring：当父窗体大小改变，产生了多余的空间时，所有具有该属性设置的窗格均分空间，但宽度不会小于 MinWidth 属性指定的宽度。

2——sbrCentent：窗格的宽度与其内容自动匹配。

(2) 在运行中设置状态栏：由于状态栏一般需要反映程序运行的一些状态数据，所以状态栏中相应窗格的内容显然是需要根据实际情况进行动态更新的。

状态栏包含有一个窗格对象的集合 Panels，该集合的成员是每个窗格。要引用某个窗格既可以通过窗格的索引值 Index，也可以通过每个窗格的关键字 Key。在第四个窗格中显示所选择的工具栏的项目，可使用如下程序：

```
Private Sub Toolbar1_ButtonClick(ByVal Button As MSComctlLib. Button)
        Select Case Button. Index
            Case 1
            StatusBar1. Panels(4) = Button. Key
            Case 2
            StatusBar1. Panels(4) = Button. Key
            '…省略
        End Select
End Sub
```

## 五、学生操作

使用 VB 的 Active 控件，根据仓库管理系统要求设计系统主界面，要求有菜单项、工具栏和状态栏，效果图如图 6.7 所示。考核点：

（1）创建 MDI 窗口，进行基本属性设置；

（2）菜单的设计：分理设计菜单项及每项应包括的子菜单项；

（3）工具栏的设计：注意对于系统主要以及常用功能在工具栏上的体现；

（4）状态栏的设计：网格的合理划分及系统信息的正确显示。

图 6.7　仓库管理系统界面效果图

## 六、任务考核

任务考核见表 6.3。

表 6.3　任务考核表

| 序　号 | 考　核　点 | 分　值 |
|---|---|---|
| 1 | VB 中 Active 控件的正确加载 | 2 分 |
| 2 | 菜单编辑器的使用 | 2 分 |
| 3 | 工具栏和状态栏的建立与设置 | 3 分 |
| 4 | 系统主界面设计的整体效果 | 3 分 |

## 七、知识扩展

### 1. MDI 窗体的应用

相当于具有一定限制条件的普通窗体。MDI 窗体上只能放置那些具备 Align 属性（如 PictureBox 控件、Toolbar 控件等）的控件或那些没有可视界面（如 Timer 控件）的控件，其他控件都不能直接放置在 MDI 窗体上。

（1）MDI 的常见属性、方法和事件：MDI 所使用的属性、方法和事件与单文档界面基本没有区别，但增加了一些专门用于 DMI 的属性，如 MDIChild 属性、Arrange 方法、QuerryUnload 事件。

MDIChild 属性：如果一个窗体的 MDIChild 属性被设置为 True，则该窗体作为父窗体的子窗体，该属性只能通过属性窗口设置，不能在程序代码中设置，在设置该属性前，必须先定义 MDI 父窗体。

Arrange 方法：该方法是指用不同的方式排列 MDI 中的子窗体(或其图标)。语法格式如下：

〈MDIForm 名〉. Arrange〈参数〉

其中："MDIForm 名"是指需要重新排列子窗体(或其他图标)的 MDI 窗体的名字；"参数"是一个整数，表示所使用的排列方式，它有 4 个值，见表 6.4 所示。

表 6.4　arrangement 的设置值

| 常量 | 值 | 说　　明 |
| --- | --- | --- |
| vbCascade | 0(默认值) | 各子窗体按层叠方式排列 |
| vbTileHorizontal | 1 | 各子窗体按水平平铺方式排列 |
| vbTileVertical | 2 | 各子窗体按垂直平铺方式排列 |
| vbArrangeIcons | 3 | 重排最小化 MDI 子窗体的图标 |

QuerryUnload 事件：QuerryUnload 事件在关闭窗体或结束应用程序之前发生，可以给用户一个机会以保存窗体中的数据，当关闭 MDI 窗体时，首先在 MDI 窗体上发生 QuerryUnload 事件，然后在子窗体上发生，如果所有窗体上都没有 QuerryUnload 事件，则在子窗体上发生 Unload 事件，然后在 MDI 窗体上发生 Unload 事件。

(2) 通过代码创建窗体：

① 声明新窗体。由于使用 Dim 语句可以声明一个对象变量，因此，在一个已经存在的窗体的基础上声明一个新窗体(如 MDI 子窗体)的格式与声明普通变量的方式基本相同。一般格式如下：

Dim〈变量名〉As［New］〈对象类型〉

例如：

```
Dim NewDoc as New Form1
```

该语句声明了一个对象变量 NewDoc，它所参照的对象类型是 Form1 窗体，也就是说，声明了一个名为 NewDoc 的新窗体，该窗体的类型与 Form1 窗体的类型相同。

② 创建新窗体。用 Dim 语句声明一个对象变量后，应再用 Set 语句及 New 关键字将对象变量设置为新窗体。Set 语句用于为对象变量赋值，其语法格式如下：

Set〈变量〉=〈对象〉

例如：

```
Dim NewDoc as New Form1
Set NewDoc = New Form1
```

该语句创建了一个新 NewDoc，其窗体的类型、属性都与 Form1 窗体相同。

③ 显示新窗体。使用 Show 方法显示新窗体，例如：

```
Private Sub Command1_Click( )
    Dim NewDoc As New Form1
    Set NewDoc = New Form1
    NewDoc. Show
End Sub
```

**2. 运行时改变菜单**

（1）使菜单命令有效或无效。所有的菜单项都具有 Enabled 属性，Enabled 属性默认值为 True（有效）。当 Enabled 属性设为 False 时，菜单项会变暗，菜单命令无效，不响应动作，快捷键也无效。若上级菜单无效则整个下拉菜单无效。

| | | |
|---|---|---|
| 任务窗格(<u>K</u>) | Ctrl+F1 | |
| 工具栏(<u>T</u>) | | ▶ |
| ✓ 标尺(<u>L</u>) | | |
| ✓ 显示段落标记(<u>S</u>) | | |
| 网格线(<u>G</u>) | | |

图 6.8　复先选标志示例

（2）显示菜单控件的复选标志。使用菜单项的 Ckecked 属性，可以设置复选标志，如果 Checked 属性为 True 表示含有复选标志。如图 6.8 所示，单击"标尺"可将显示标记显示或删除。假设"标尺"项的 name 属性值为"Biaochi"则有：

```
Private Sub Biaochi_Click( )
Biaochi. Checked = Not Biaochi. Checked
End Sub
```

（3）使菜单控件不可见。在运行时要使一个菜单项不可见或可见，可以从代码中设置其 Visible 属性。当下拉菜单中的一个菜单项不可见时，则其余菜单项会上移以填补空出的空间。如果菜单条上的菜单项不可见，则菜单条上其余的控件会左移以填补该空间。

使菜单不可见也产生使之无效的作用，通过菜单、访问键或者快捷键都无法访问该控件。

（4）运行时添加菜单项。运行时可以添加菜单项，例如，VB 的"文件"菜单就是根据打开的工程名添加菜单，显示出最近打开过的工程名，如图 6.9 所示。

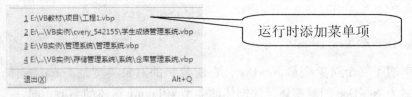

图 6.9　运行添加菜单项示例

添加菜单项必须使用控件数组。为了在运行时可以添加菜单项，在设计时必须设置该菜单项的 Index 属性为 0，使它自动地成为控件数组的一个元素，同时也创建了一个在运行时不可见的分隔条。

如果要添加或删除一个控件数组中的菜单控件，可以使用 Load 或 Unload 语句。

**3. 弹出式菜单**

弹出式菜单又称为快捷菜单，弹出式菜单是当单击鼠标右键时出现的菜单，是显示在窗体上独立于菜单的浮动式菜单，弹出式菜单显示的菜单项取决于鼠标右键按下时鼠标指针所在的位置。在此通过一个实例介绍弹出式菜单的设计过程。

例如，为窗体添加一个弹出式菜单，当用户在程序的窗体上右击时，将弹出该菜单，选择其中的菜单项，能够实现相应的功能，如图6.10所示。

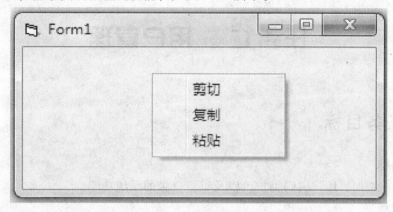

图 6.10　弹出式菜单示例

设计过程如下：

弹出式菜单的设计：

① 使用"菜单编辑器"创建菜单。将顶级菜单项设为不可见。如图6.11所示。

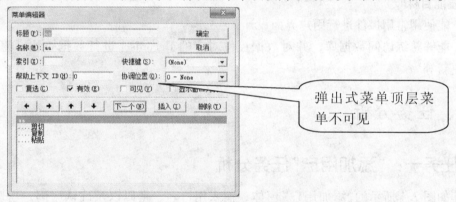

图 6.11　弹出式的菜单设计编辑器

② 编写相应于弹出菜单关联的(释放鼠标)事件代码。VB 提供了 PopuMenu 方法来显示弹出式菜单，该方法的格式为：

［对象］.PopupMenu 菜单名［,位置常数［,横坐标［,纵坐标］］］

或者使用调用的方法，格式为：Call PopupMenu(菜单名称)

因为弹出式菜单被定义为使用鼠标右键，因此使用 MouseDown 事件判断是不是鼠标右键被按下，如果"是"通过 PopupMenu"弹出"菜单。

代码编写如下所示：

```
Private Sub Form_MouseDown(Button As Integer, Shift As Integer, X As Single, Y As Single)
    If Button = 2 Then PopupMenu aa        'aa 为弹出式菜单的名称
End Sub
```

# 任务七　用户管理

## 一、任务目标

**1. 功能目标**

实现对用户添加、用户密码维护，以及重新登录的系统功能。

**2. 知识目标**

（1）掌握 VB 常用控件框架、单选按钮以及复选按钮的常用属性和方法；

（2）理解数组的概念，掌握控件数组的创建和使用方法；

（3）掌握控制结构中循环语句的使用。

**3. 技能目标**

（1）能使用常用控件进行用户界面设计；

（2）能够熟练访问数据库，并对数据控件对应的 Recordset 进行数据查找，记录添加，数据库更新等。

## 二、任务分析

### 子任务一："添加用户"任务分析

创建如图 7.1 所示的"添加用户"窗体，输入用户名、密码以及确认密码，当选择用户类别时自动标明用户权限，单击"确定"，如果所添加的用户不存在，则提示"添加成功"，否则提示"用户已存在"。要求当用户名、密码以及密码确认填写不完整时给出提示"请确认信息填写完整"，如果密码与确认密码不一致时提示"两次输入密码不一致，请重新输入"，并将密码输入文本框置空。如果用户类别没有选择，给出提示"请选择用户类别"。完成此功能需要解决如下问题：

（1）如何判定添加用户是否存在；

（2）用户类别和用户权限怎么来设置；

（3）多个具体相同操作过程的控件是否要一一编写同样事件过程。

### 子任务二："密码维护"任务分析

运行"密码维护"模块，系统自动显示当前登录用户名，并且用户名输入文本框不可用，输入"旧密码"正确的前提下才能修改密码，并且要求"新密码"与"确认密码"完全一致，对于"旧密码"输入错误，或者"新密码"与"确认密码"不一致的情况，系统给出相应提示，运行效果如图 7.2 所示。实现此功能模块，需要解决如下问题：

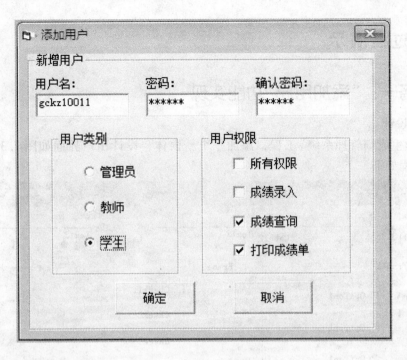

图 7.1 "添加用户"窗体

（1）系统如何自动在"用户名"中显示当前用户名；

（2）如何实现当前用户信息的修改；

（3）在应用系统中修改的信息如何保存到数据库中。

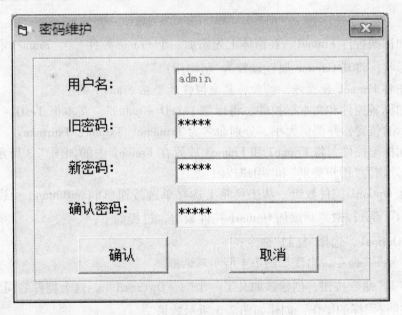

图 7.2 "密码维护"运行效果图

## 子任务三："重新登录"功能模块描述

选择菜单项"系统管理"→"重新登录"，会打开"用户登录"窗口，在此不再重复。

## 三、过程演示

### 子任务一："添加用户"功能实现

**1. 界面设计**

打开"学生成绩管理系统"工程，添加一个新窗体，设计用户界面如图 7.3 所示，具体要求设计过程如下。

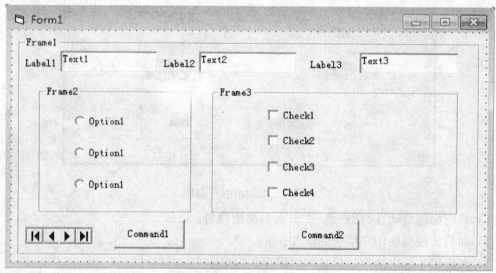

图 7.3 "添加用户"界面设计

（1）添加框架控件 Frame1。在窗体上先添加一个 Frame 控件 <sup>xy</sup>，Frame1 将其拖放成如图 7.3 所示形状，将其 Caption 属性设置为"新增用户"。

说明：先将 Frame1 设置好，然后将其他控件放置在 Frame1 的上面。

（2）添加标签控件和文本框控件。将标签 Label1 – Label3，文本框 Text1 – Text3 放置在如图 7.3 所示的位置，并调整大小，分别命名为 Txtname、Txtmm、Txtqrmm。

（3）添加框架控件。将 Frame2 和 Frame3 放置在 Frame1 中的如图 7.3 所示的位置，设置 Caption 值分别为"用户类别"和"用户权限"。

（4）添加 Option1 控件数组。从工具箱上选择单选按钮（OptionButton）放置在 Frame2 上，显示为" Option1 "。添加 Option1 控件数组，过程如下：

① 选中 Option1，选择"复制"命令；

② 选择"粘贴"命令，出现如图 7.4 所示对话框。

③ 选择"是"命令按钮，创建添加又了一个" Option1 "，这个控件名同为"Option1"；

④ 重复执行同样的操作，创建如图 7.3 所示效果。

注意：将控件数组所有 Option1 控件的 Name 属性改为：Optsf，index 属性不需设置，是在建立时自动产生的。

（5）添加复选框 CheckBox 控件。从工具箱上选择复选框（CheckBox）放置在 Frame3 上，分别添加 Check1 – Check4。

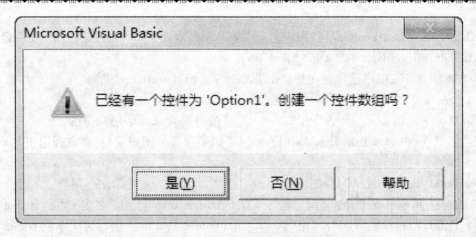

图 7.4　"粘贴"控件操作提示对话框

（6）添加命令按钮控件。添加两个命令按钮到框架 Frame1 中。

（7）添加数据控件 Data1。添加 Data1 控件至窗体，放置在任意位置都可以，因为此控件在运行将设置为不可见（Visible 属性设置为 False）。

**3. 编写代码**

（1）在 Form_Load( )事件中编写代码对 Data1 的属性进行设置，关键代码如下：

> Data1. DatabaseName = App. Path &" \Database\dbscores. mdb"
> Data1. RecordSource = "用户信息表"

说明：App. Path 是系统内的一个变量值，App. Path 是返回程序所在的路径（是程序的工作目录，不一定都是程序路径），一个相对路径。如果你要打开的文件和你的程序在同一个文件夹下，那就可以这样 app. path &" \ 文件名"。Data1 控件的 DatabaseName 属性也可以通过属性窗口设置，设置时选择 DatabaseName 属性后的"…"按钮，根据数据库所在的位置进行选择，"打开"相应数据库。

注意：Data 控件的 DatabaseName 属性如果通过属性窗口设置，为了避免在程序运行时因绝对路径改变而产生的"不是一个有效路径"的错误，所以必须设置两次。第一次设置 Data 控件的 DatabaseName 属性时用绝对路径，保存程序后，（程序也应放在与数据库相同的目录下），再次打开程序界面，设置 Data 控件的 DatabaseName 属性时用相对路径". \ Syscores. mdb"。这样就不会因绝对路径的改变而发生错误。（学生成绩管理系统的工程文件与 DataBase 文件夹在同一目录下，所以使用的应该为". \ Database \ Syscores. mdb"）。

（2）"确定"命令按钮 cmdqd_Click 功能设计思路：

设计思路：首先判定"用户名"、"密码"和"确认密码"中是否有空信息，如为空则提示"请确认信息填写完整"，否则使用 Find 方法查找当前要添加的用户，使用记录集的 No-Mathc 方法是否已经存在，如果已存在则提示"该用户已存在"，然后判定"密码"和"确认密码"文本框中的信息是否一致，如一致则使用 AddNew 方法添加记录，然后使用 Update 更新数据库。

"确定"命令按钮 cmdqd_Click 关键代码如下：

```
Data1. Recordset. FindFirst ("用户名 = '" & txtyhm & "'")    '查找新增用户是否已存在
If Data1. Recordset. NoMatch = False Then
    MsgBox "该用户已经存在!" , vbOKOnly + vbExclamation , "提示"
    '…
    For i = 0 To 2                               '检查是否选择了用户身份
        If Optsf(i) = True Then Exit For         '如果选择了用户身份,则选择退出 For 循环
    Next
    Data1. Recordset. AddNew                                  '添加一用户
    Data1. Recordset. Fields ("用户名") = Trim (txtyhm. Text)  '用户名为文本框 txtyhm 的值
    Data1. Recordset. Fields ("密码") = Trim (txtmm. Text)     '密码为文本框 txtmm 的值
    For i = 0 To 2
        If Optsf(i). Value = True Then
            Data1. Recordset. Fields ("用户类型") = Optsf(i). Caption
            '用户类型为选中的单选按钮的 Caption 的值
        End If
    Next
    Data1. Recordset. Update                                  '更新数据库
```

注意：对于"用户类型"则根据所选择控件数组 Optsf 按钮所对应的 Caption 的值决定，在选择用户类型的同时，根据所选择的用户类型自动设置用户权限。

（3）用户类型按钮：

设计思路：Check1 – Check4 表示用户权限，当 Opfsf 按钮的 Index 值为 0 时表示是管理员，管理员拥有所有权限即可操作成绩录入及导入、成绩查询，打印成绩单；如果 Opfsf 按钮的 Index 值为 1 时表示是教师，教师拥有的权限是成绩录入及导入、成绩查询；如果 Opfsf 按钮的 Index 值为 2 表示用户是学生，学生只能查询成绩及打印成绩单。

提示：Check 控件的 Value 值为 1 表示选中，为 0 表示不选中。

用户类型按钮事件提示：

```
Private Sub Optsf_Click (Index As Integer)     '控件数组 Optsf 按钮的单击事件
    Select Case Index                          '根据不同用户类别,自动选择用户权限
    Case 0                                     '选择管理员,拥有所有权限
        Check1. Value = 1                      ' Check1 设置为选中状态
        Check2. Value = 1
        Check3. Value = 1
        Check4. Value = 1
        'Case 1 ,2 省略提示对于不可操作的依据上面代码设置 Value 值为 0 即可
End Sub
```

注意：在这里对用户权限进行的限制，不同身份的用户可操作的功能不同。所以应该考虑在用户登录时，根据身份的不同，在主控制界面上显示不同的可操作功能项。

## 子任务二："密码维护"功能实现

**1. 界面设计**

在打开的"学生成绩管理系统"工程添加一个新窗体，设计用户界面如图7.2所示。

**2. 代码编写**

分析：在任务五的公共模块中定义了Tyhm为模块变量，主要是为了用来存储登录用户名作为全局变量，在系统的每个模块都能有效，在模块中设置此变量，在登录时存储登录的用户名，进入系统后如果进入"密码维护"窗体，只能更新当前用户自己的密码，所以"登录密码"的用户名输入文本框是不可编辑的，其内容由系统自动填充为当前登录用户名。

（1）"密码维护"窗体的Form_ Load( )事件代码：除了如"添加用户"窗体的Load事件一样要设置Data控件的DatabaseName和RecordSource属性外，还要显示当前登录的用户，因为只能对当前用户进行密码修改。

```
txtyhm. Text = Tyhm                    ' 用户名文本框自动赋值为登录用户名
```

（2）"密码维护"窗体的"确定"命令按钮代码：

设计思路：查找当前用户记录，比较用户密码与旧密码是否相同，如果输入密码不同则给出提示，并退出当前过程。否则判断新密码与确认密码是否为空，如为空即退出当前过程，如不空则判断新密码与确认密码是否一致，如果一致则编辑当前记录，使得当前记录的密码为输入的新密码的值，编辑当前记录，更新数据库，提示修改成功。

关键代码：

```
Data 1. Recordset. FindFirst ("用户名 = '" & txtyhm. Text &"'" )' 查找当前用户
 ' 取用户的密码与旧密码比较
   ' 判断输入新密码与确认密码是否为空
 ' 判断输入新密码与确认密码是否一致
Data 1. Recordset. Edit                          ' 编辑当前记录
Data 1. Recordset. Fields("密码") = Trim(txtxmm. Text)    ' 当前记录密码为新密码
Data 1. Recordset. Update
```

# 四、知识要点

**1. 框架**

（1）作用：框架Frame [ ] 为控件容器，可以将多种不同类型的控件按不同的分组进行存放，提供了视觉上的区分和总体的激活/屏蔽特性。

（2）重要属性：

① Caption属性：框架标题。

② Enabled属性：缺省为True，框架内的对象是"活动"的，False：标题呈灰色，框架内的所有对象均被屏蔽，不允许对其进行操作。

③ Visible属性：True：框架及其控件可见，False：框架及其控件被隐含起来。

（3）常用事件：框架可以响应的事件有 Click、DblClick。

说明：一般不需要有关框架的事件过程，它不接受用户输入，不能显示文本和图形，也不能与图形相连。

（4）操作：使用框架的主要目的是为了对相关控件进行分组，在同一框架内的控件为一组，可作为一个整体和框架一起移动，而且不同框架内的控件的操作互相不会影响，相互独立。通常有两种方法把指定的控件放到框架中对控件进行分组。

方法一：

① 在指定位置画出框架；

② 在框架内画出需要成为一组的控件。

方法二：

有时可能对窗体上已有的控件（不是框架内的）进行分组，需要把它们"移动"到不同的框架内。操作步骤如下：

① 选择需要分组的控件；

② 执行"编辑"菜单中的"剪切"命令（或按 Ctrl + X），即把选择的控件放入剪贴板；

③在窗体上画出框架，并保持它为活动状态；

④ 执行"编辑"菜单中的"粘贴"命令（或按 Ctrl + V）。

**2. 单选按钮**

（1）作用：单选按钮（OptionButton） ⊙ 也称作选择按钮。一组单选按钮控件可以提供一组彼此相互排斥的选项，任何时刻用户只能从中选择一个选项，实现一种"单项选择"的功能，被选中项目左侧圆圈中会出现一黑点。

（2）重要属性：

① Caption：文本标题。设置单选按钮的文本注释内容。

② Alignment 属性：

0——Left Justify（缺省）控件按钮在左边，标题显示在右边。

1——Right Justify 控件按钮在右边，标题显示在左边。

③ Value 属性：

True：单选按钮被选定。

False：单选按钮未被选定（缺省设置）。

④ Style 属性：

0——Standard：标准方式。

1——Graphical：图形方式。

（3）方法：SetFocus 方法是单选钮控件最常用的方法，可以在代码中通过该方法将Value属性设置为"True"。

与命令按钮相同，使用该方法之前，必须要保证单选钮处于可见和可用状态（即 Visible 与 Enabled 属性值均为 True）。

（4）事件：Click 事件是单选钮控件最基本的事件，一般情况用户无需为单选钮编写Click 事件过程，当用户单击单选钮时，它会自动改变状态。本任务使用了单选按钮的单击事件。

**3. 复选框**

（1）作用：复选框（CheckBox） ☑ 也称作检查框、选择框。一组检查框控件可以提供多个选项，它们彼此独立工作，用户可以同时选择任意多个选项，实现一种"多项选择"的功能。选择某一选项后，该控件将显示"√"，而清除此选项后，"√"消失。

（2）重要属性：

Caption、Alignment、Style 与单选钮相同。

Value 属性与单选按钮不同，其值为数值型数据，可取" 0"、"1"、"2"：

0——Unchecked：表示该复选框未被选定；

1——Checked：表示选定该复选框 ；

2——Grayed：表示该复选框被禁止选择(灰色)。

（3）事件：Click 事件是复选框控件最基本的事件。用户一般无需为复选框编写 Click 事件过程，但其对 Value 属性值的改变遵循以下规则：

单击未选中的复选框时，Value 属性值变为 1；

单击已选中的复选框时，Value 属性值变为 0；

单击变灰的复选框时，Value 属性值变为 0。

**4. Data 控件**

利用 Data 控件访问数据库是 Visual Basic 6.0 中实现数据访问的一种较简单的方式。Data 控件访问数据库时使用了一个非常重要的概念：记录集(Recordset)。记录集是一个对象，一个记录集是数据库中的一组记录，它可以是整个数据表，也可以是数据表中的一部分。

（1）Data 控件的属性：

① Connect 属性：该属性用来指定 Data 控件所要连接的数据库的格式，默认值为 Access 类型。本例使用的是默认值。

② DatabaseName 属性：该属性用来指定 Data 控件所连接的数据库的路径和文件名，可以在属性窗口设置，也可以在程序代码中设置。本例使用代码设置属性值：

Data 1. DatabaseName = App. Path & " \\Database\\dbscores. mdb"

App. Path：取得程序的当前路径。其中 App 是 VB 中的一个默认对象，在其中保存着当前应用程序的相关信息。比如应用程序的名称、存放路径、版本等信息。

③ RecordSource 属性：用来指定 Data 控件的记录源，可以是数据库表的名称，也可以是查询语句，该属性可以在属性窗口设置，也可以在程序代码中设置。

④ RecordsetType 属性：用来指定 Data 控件表示记录的类型，包括表类型记录集、动态类型记录集和快照类型记录集，默认为动态类型记录集。

表类型记录集(Table)：包含实际数据表中的所有记录，此时可以对表中的记录进行添加、删除、修改和查询等操作。

动态类型记录集(Dynaset)：可以包含来自一个或多个数据表中的记录，能从多个表中组合数据，也可以只包含所选择的部分字段，这种类型可以加快操作速度。

快照类型记录集(Snapshot)：此类型与动态类型相似，但记录集中的数据只能读取而不能更改。

⑤ BOFAction、EOFAction 属性。

在程序运行时用户通过 Data 控件上的按钮可以移动当前记录到记录集的开始和末尾，BOFAction 属性是指当前记录移动到开始时执行的操作，EOFActino 属性指当前记录移到末尾时执行的操作。

BOFAction 属性值：0—Move First 是将第一条记录作为当前记录，1—BOF 是将记录集的开头(首记录之前)作为当前记录。

EOFAction 属性值：0—Move Last 是将最后一条记录作为当前记录，1—EOF 是将记录集的开头末尾(尾记录之后)作为当前记录，2—Add New 则当前记录在末尾并自动添加一条记录。

（2）Data 控件常用方法：

① AddNew 方法：AddNew 用于添加一个新记录，新记录的每个字段如果有默认值将以默认值表示，如果没有则空白。

② Delete 方法：Delete 用于删除当前记录的内容，在删除后应将当前记录移到下一个记录。

③ Edit 方法：Edit 用于对可更新的当前记录进行编辑修改。

④ Find 方法群组：Find 方法群组是用于查向找记录，包含 FindFirst、FindLast、FindNext、FindPrevious 方法，这四种方法查找的起点不同，查找方法见表7.1。

表 7.1　Find 方法组的查找方法

| Find 方法 | 查找起点 | 查找方向 |
| --- | --- | --- |
| FindFirst | 第一个记录 | 向后查找 |
| FindLast | 最后一个记录 | 向前查找 |
| FindNext | 当前记录 | 向后查找 |
| FindPrevious | 当前记录 | 向前查找 |

通常当查找不到符合条件的记录时，需要显示信息提示用户，因此使用 NoMatch 属性，当使用 Find 或 Seek 方法找不到相符的记录时，NoMatch 属性值为 True。

⑤ Move 方法群组：Move 方法群组是用于移动记录，包含 MoveFirst、MoveLast、MoveNext 和 MovePrevious 方法，这四种方法分别是移到第一条记录、移到最后一条记录、移到下一条记录和移到前一条记录。

注意：当在最后一个记录时，如果使用了 MoveNext 方法时，EOF 的值会变为 True；如果再使用 MoveNext 方法就会提示出错。对于 MovePrevious 方法如果前移，结果也是同样。

⑤ Refresh 方法：如果 DatabaseName、ReadOnly、Exclusive 或 Connect 属性的设置值发生改变，可以使用 Refresh 方法打开或重新打开数据库，用 Refresh 方法可以更新数据控件的集合内容。

⑦ Seek 方法：Seek 方法适用于数据表类型(Table)记录集，通过一个已被设置为索引(Index)的字段，查找符合条件的记录，并使该记录为当前记录。

⑧ Update 方法：Update 方法用于将修改的记录内容保存到数据库中。

（3）Data 控件的事件：

① Reposition 事件。该事件在当前记录的位置改变后触发，触发事件有以下几个原因：

a. 单击 Data 控件中的按钮使用当前记录移动；

b. 调用 Move 方法组中的某个方法；

c. 调用 Find 方法组中的某个方法；

d. 通过其他方式改变了当前记录的位置。

② Validate 事件。该事件在当前记录的位置改变之前触发，或者在 Update、Delete 等操作执行之前触发。

（4）普通控件绑定到数据控件：控件箱中的常用控件 PictureBox、Label、TextBox、CheckBox、Image、OLE、ListBox 和 Combobox 控件都能和 Data 的 Recordseet 的一个字段绑定，与 Data 控件绑定的控件称为数据绑定（感知）控件。

数据绑定控件的相关属性：

DataSource 属性：用于在下拉列表中选择想要绑定的控件名称。

DataField 属性：用于在下拉列表中选择要显示的字段名称。

### 5. 控制结构（Select Case 语句与 For‑Next 语句）

（1）Select Case 结构：在实际应用中经常会出现多种选择的情况，使用 If 语句的嵌套可以实现这种功能，但程序结构显得较为凌乱不便于调试，使用多重选择结构语句 Select‑Case 语句能够简便地实现这种功能，并且会使程序的结构更清晰、更直观。通常将 Select‑Case 语句称为多分支选择语句，或多重选择语句。一般可以实现在多种选择的情况下，选择其中之一执行的功能。

Select‑Case 语句格式：

    Select  Case 变量或表达式
        Case 表达式列表 1
            语句块 1
        Case 表达式列表 2
            语句块 2
            …
      ［Case Else
            语句块 n + 1］
    End Select

说明：① 格式中的＜变量或表达式＞又可称为＜测试表达式＞。

② ＜表达式列表＞：是与 ＜测试表达式＞同类型的下面四种形式之一：

a. 表达式：　　　　　　　　　　a + 5

b. 一组枚举表达式（用逗号分隔）：　2、4、6、8

c. 表达式 1  To  表达式 2：　　　60 to 100

d. Is 关系运算符表达式：Is ＜ 60

（2）Select‑Case 语句执行过程：

① 求出"测试表达式"的值。

② 判断该值与哪一个 Case 子句中的"表达式列表"相匹配；通常有下列三种判断结果，并且对应不同执行情况：

a. 如果找到相匹配的表达式，则执行相应的与 Case 子句有关的语句块，接着跳过其余后面 Case 子句对应的语句块，而直接执行 End Select 的后继语句；

b. 如果"测试表达式"的值与所有的"表达式列表"均不匹配，若 Select‑Case 语句中存在 Case Else 语句的话，则执行 Case Else 语句对应的语句块，然后再执行 End Select 的后继语句；

c. 若"测试表达式"的值与所有的"表达式列表"均不匹配，且 Select‑Case 语句中不存在 Case Else 语句的话，则任何语句都不执行，而直接执行 End Select 的后继语句。

（3）For‑Next 语句：

For‑Next 语句是使用最灵活方便的一种循环语句，通常用于已知循环次数的情况。

For – Next 语句格式:

For 循环变量 = 初值 To 终值 [Step 步长]

　　语句块

[Exit For]

　　[语句块]

Next [循环变量]

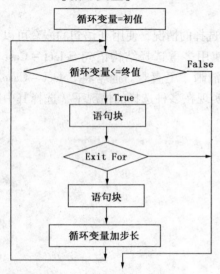

图 7.5　For...Next 执行流程图

功能:本语句指定循环变量取一系列数值,并对循环变量的每一个值执行一次循环体。初值、终值和步长值都是数值表达式。步长值可以是正数(为递增循环),也可以是负数(为递减循环)。具体执行过程见图 7.5。

Exit For 功能为直接从 For 循环中退出。

若步长值为 1,则"Step 1"可以省略。

For – Next 语句执行过程:

① 循环变量被赋初值,它仅被赋值一次;

② 判断循环变量是否在终值内,如果是执行循环体;如果否结束循环,执行 Next 的下一条语句;

③ 循环变量自动增加"步长"的值,转②,继续循环。

④ 在循环体内任何位置放置 Exit For 语句可以用来随时退出循环。退出循环,执行 Next 的后继语句。

# 五、学生操作

利用本任务所学的知识为仓库管理系统设计用户管理模块,主要负责用户和密码的管理,包括添加用户、修改用户密码、重新登录等功能模块。考核点:

(1) 用户管理模块界面设计(控件文本框、单选按钮、复选按钮的使用);

(2) 控件数组的正确使用;

(3) 实现过程中循环结构的正确使用;

(4) 数据库中用户信息的正确编辑。

# 六、任务考核

任务考核见表 7.2。

表 7.2　任务考核表

| 序号 | 考核点 | 分值 |
| --- | --- | --- |
| 1 | 窗体中控件与数据库的连接(DataSourcet 和 RecordSet 记录集的使用) | 2 分 |
| 2 | 常用控件和控件数组的使用 | 3 分 |
| 3 | 用户管理模块功能实现 | 3 分 |
| 4 | 用户管理模块的细节处理与功能完善 | 2 分 |

## 七、知识扩展

### 1. Do 循环结构

Do…Loop 循环结构可用于循环次数不确定的情况，也可用于循环次数确定的情况，其语句格式有如下两种：

（1）语句格式 1：

Do［While | Until 条件］

［语句块 1］

［Exit Do］

［语句块 2］

Loop

功能：当指定的循环条件为 True 或在指定的循环结束条件变为 True 之前，重复执行语句块组成的循环体。进入循环体时，如果循环条件不成立或者循环线束条件成立，则不再执行循环体的语句块，具体流程如图 7.6 所示。

（2）语句格式 2：

Do

［语句块 1］

［Exit Do］

［语句块 2］

Loop［While | Until 条件］

功能：该语句先执行循环体，然后测试循环条件或循环终止条件，决定是否继续执行循环语句。因此，这种结构的语句至少执行一次循环体，具体流程如图 7.7 所示。

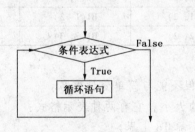 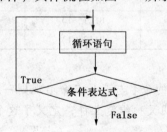

图 7.6 语句格式 1 流程图　　　　图 7.7 语句格式 2 流程图

说明：

（1）While | Until 两者同时只能有一个出现，选择 While 时，表示当条件表达式值为 True 时，开始执行循环体内语句行；选择 Until 时，表示只要条件表达式值不为 True，就一直执行循环体内的语句行。

（2）Exit Do 为可选项，用来强制退出循环体。

（3）格式 1 先测试条件表达式，再根据测试值决定是否执行循环语句。格式 2 是先执行循环体语句，后测试条件表达式的值，再根据测试值决定是否继续执行。

### 2. 数组

VB 中将具有相同名字、不同下标值的一组变量称为数组。数组中的每个变量称为数组元素或下标变量。可用数组名和下标惟一地标识一个数组元素，如 Score(5)就表示数组名为 Score 的数组中下标为 5 的数组元素。一个数组如果只用一个下标就能确定一个数组元素在数组中的位置，则称为一维数组，而由两个或多个下标所组成的数组称为二维数组或多维数组。在其他语言中数组用来存储相同类型的数据，但是在 VB 中数组可用来存放不同类型的数据。

VB 中的数组有两种，一种是静态数组；一种是动态数组。数组必须先声明后使用。数组的声明既可以在模块中声明，也可以在过程中声明。

（1）静态数组：所谓静态数组是指维数与下标的范围在声明时就已经确定了。声明静态数组使用的语句与声明变量的语句类似，对于一维数组格式为：

Dim 数组名(下标说明) ［As 类型］［,数组名(下标说明)［ As 类型］...

例如：Dim A1(5) as integer

定义了一个有 6 个元素的一维数组，该数组的名字为 A1，数据类型为 Integer(整型)，6 个元素分别为 A1(0)、A2(1)、A1(2)、A1(3)、A1(4)、A1(5)。

例如，Dim A2(2 to 5) as integer。

定义了一个有 4(5-2+1)个元素的一维数组，该数组的名字为 A2，数据类型为 Integer(整型)，4 个元素分别为 A2(2)，A2(3)，A2(4)，A2(5)。

对于二维数组，格式为：

Dim 数组名 (第一维下标上界，第二维下标上界)as 类型名称

例如：

Dim B1(2，3) as integer

定义了一个二维数组，数组名为 B1，类型为 integer，该数组有 3(2-0+1)行，4(4-0+1)列，占 12 个整型变量的空间，如下所示：

| B1(0, 0) | B1(0, 1) | B1(0, 2) | B1(0, 3) | 第0行 |
|----------|----------|----------|----------|-------|
| B1(1, 0) | B1(1, 1) | B1(1, 2) | B1(1, 3) | 第1行 |
| B1(2, 0) | B1(2, 1) | B1(2, 2) | B1(2, 3) | 第2行 |

说明：

① 数组名的命名与变量名命名规则一致，但不能与简单变量重名。

② 下标说明又称维定义符，定义了这个维的大小。它有两种表示格式：

〈上界〉 或〈下界 To 上界〉

下界和上界必须使用数值型常量表达式，一般直接使用整型常数，它表示数组元素的下标应在下界到上界的范围内，超出范围将出现运行错误。

在缺省状态下，起始下标(下界值)为 0，则 Dim Score(100)，表示声明了一个有 101 个元表的数组，它的每个元素分别为 Score(0)、Score(1)、…、Score(100)。

如使用 S(2 to 5)表示声明的 S 数组只有 4 个元素，为 S(2)、S(3)、S(4)、S(5)。

可以使用专门语句重新设置缺省下界值。格式为：Option Base 0 | 1。

例如：

Option Base 1' 表示将下界缺省值设置为 1。

Dim    S(5) as integer

则表示数组 S 有 S(1)，S(2)，S(3)，S(4)，S(5)共 5 个元素。

③类型指的是数组元素的类型。省略类型则表示为 Variant 类型。如：

Const n = 10

Dim Name1(n)As String, Score(n)As Single

就是声明的两个包含常量 n 个元素的数组，数组 Name1 是用来存放姓名，类型为 String，数组 Score 用来存放成绩，类型为 Single。

（2）动态数组：动态数组是指在声明数组时不指明下标的大小（省略括号中的下标），当需要时，再用 ReDim 语句重新定义其大小。建立动态数组的步骤如下：

① 声明动态数组。声明动态数组的格式为：Dim 数组名( )［As 类型名］。

上述数组定义的语句中，并没有标明数组的维数及数组元素的个数，事实上，它定义了一个空维数组，表明该数组是动态数组。例如：

Dim a( )as integer

声明了一个数组名为 a 的动态整型数组。

② 用 ReDim 语句分配数组的实际元素个数。ReDim 语句是一个可执行语句，它只能出现在过程中，其作用是为数组分配实际空间。

格式为：

ReDim 数组名(下标说明［,下标说明］)例如有语句：

Const n = 10

Dim Name1(n)As String, Score(n)As Single

通过定义一个常量确定数组元素的个数，也可以用 ReDim 根据需要定义动态数组，语句如下：

Dim n as integer

Dim Name1( ) as string

n = val( inputbox( ) )

ReDim Name1(n)

注意：

①可以多次使用 ReDim 语句来改变数组的大小，但每次使用会使原数组的内容丢失，若想使原数据不丢失，则可在使用 ReDim 语句中使用关键字 Preserve，格式为：

ReDim Preserve 数组名(下标说明［,下标说明］)

②不能用 ReDim Preserve 语句改变数组原有的数据类型。

（3）数组的基本操作：数组的基本操作包括数组元素的引用、初始化以及输入输出等。

① 数组的引用：

格式：数组名(下标，［,下标]...)

例如有下面一段程序：

Dim s1(5) as integer' 声明一个一维整型数组 s1，有 6 个元素。

...

i = 2

s1(i) = 2        ' 数组元素 s1(2) = 2

s1(5) = 6        x = s1(i) + 2        'x = 4

声明数组和使用数组元素是不同的，在使用过程注意区别。

② 数组元素赋初值：

a. 利用循环结构：

for i = 1 to 10

a(i) = 0　　　　 'a 数组中的每个元素赋值为 0

next i

b. 利用 Array 函数：

Dim a as Variant, b as Variant, i%

a = Array(1,2,3,4,5)

b = Array("abc","dfd","dttt")

For i = 0 to UBound(a)

　　print a(i);"　　";

Next i

　　For i = 0 to UBound(b)

　　print b(i);"　　";

Next i

注意：

a. 利用 Array 对数组元素赋值，声明的数组是可变数组或者是圆括号都可省略的数组，并且其类型只能是 Variant。

b. 数组的下界为零，上界由 Array 函数括号内的参数个数决定，也可通过函数 Ubound 获得(其中函数 Ubound 用于返回数组指定维的上界，Lbound 用于返回数组指定维的下界)。

③ 数组元素的输入：可以通过 For 循环及 InputBox 函数输入。

Sub Form_Click()

dim test(4) as string

for i = 0 to 4

temp $ = InputBox("enter string:")

test(i) = temp $

Next i

End Sub

④ 数组元素的输出：数组元素的输出一般使用 For 循环与 Print 方法来实现。

For i = 0 to 4　　　　 ' 设有一个包含 5 个元素的数组 text

　　print test(i);

Next i

### 3. 控件数组

控件数组是由一组相同类型的控件组成，这些控件共用一个相同的控件名字，具有相同属性的设置。数组中的每个控件都有惟一的索引号(Index Number)，即下标，其所有元素的 Name 属性必须相同。

控件数组适用于若干个控件执行操作都相似的场合，控件数组共享同样的事件过程。如果某控件数组有 4 单选按钮，运行时不管单击哪个单选按钮，就会调用同一个事件过程。

(1) 创建数据控件数组：本任务中使用的单选按钮控件数组的建立除了复制粘贴以外，还可使用如下具体步骤：

① 在窗体上画出所有的数组元素控件；

② 先选中其中一个控件，将其激活；

③ 在属性窗口中选择"名称"属性，并键入控件的名称"Optsf"；

④对每个要加到数组中的控件重复②、③步，键入与第③步中相同的名称。

当对第二个控件键入与第一个控件相同的名称后，VB 将显示一个对话框，询问是否确实要建立控件数组。单击"是"将 建立控件数组（单击"否"则放弃建立操作）。

（2）编写代码：具体的操作是通过单选按钮完成的，本任务中的单选按钮是一个控件数组，所以它们适用同一过程，具体的数组元素通过控件数组的 index 属性来区分。

```
Private Sub Optsf_Click(Index As Integer)    ' 控件数组 Optsf 按钮的单击事件
…
End Sub
```

# 任务八    基础信息管理

## 一、学习目标

**1. 功能目标**

实现学生成绩管理系统中基础信息的添加、删除、修改以及查询等操作。

**2. 知识目标**

（1）掌握 ADO 控件访问数据库的一般步骤；

（2）掌握 DataGrid 控件显示记录集的方法；

（3）掌握 Select 查询语句的简单结构。

**3. 技能目标**

（1）能够熟练使用数据库控件 ADO 和 DataGrid 控件；

（2）能使用 ADO 控件通过不同连接程序，连接不同类型的数据。

（3）能够使用 ADO 控件对记录集进行添加、删除、修改等操作，并能够与数据浏览控件中的信息同步显示。

## 二、任务分析

### 子任务一："学生信息管理"任务分析

设计如图 8.1 所示"学生信息管理"窗口，单击窗体中的"学生信息浏览"下的数据表的某一行，该行相应数据就会显示在"学生信息编辑"对应的控件中。如果要进行"修改"操作可直接进行，修改完成后信息将替换原有的数据。直接点击"添加"会提示"此信息已存在"，则会清空所有的"学生信息编辑"中的数据，光标停在"学号"输入文本框中；"删除"只能对已存在的数据进行，可以输入需删除的数据信息，也可以通过选定"学生信息浏览"表中的数据来选择要删除的数据信息，执行时系统将给出提示"删除数据不可再恢复"，如果点击"确认"则将数据从数据库中删除。实现此功能，要解决以下问题：

（1）应用程序与数据库连接问题；

（2）"学生信息浏览"与"学生信息编辑"数据同步问题；

（3）"学生信息编辑"中数据信息的"添加"、"删除"与"修改"操作的实现，以及与"学生信息浏览"同步冲突问题。

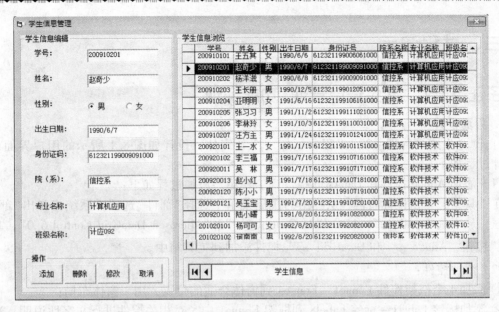

图 8.1 "学生信息管理"运行效果图

## 子任务二："系部专业信息管理"任务分析

"系部专业信息"管理窗口初始状态，只显示"系信息浏览"一栏的内容，只有选中某个系，则对应专业信息显示在"专业信息浏览"一栏中。如果是"添加"一个新的系，则专业信息为空。其他基本操作及系信息和专业信息类似于"学生信息管理"模块中的操作，只是在操作过程中专业信息的操作与所对应的当前系的信息相关联，见图 8.2 所示。

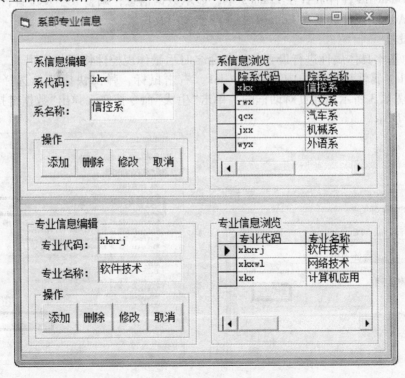

图 8.2 "系部专业信息"模块效果图

# 三、过程演示

## 子任务一："学生信息管理"功能实现

### 1. 界面设计

打开"学生成绩管理系统"工程，添加一个新窗体，设计如图 8.1 所示的用户界面，具体设计过程如下。

（1）添加 Adodc 控件和 DataGrid 控件到工具箱。添加过程如下：

在工具箱上单击鼠标右键，从弹出的快捷菜单中选择"部件"选项，系统将弹出"部件"对话框，从中选中"Microsfot ADO Data Control 6.0"和"Microsoft DataGrid Control 6.0"，单击"确定"按钮，Adodc 🔩 和 DataGrid 📜 控件添加到工具箱中。

（2）添加控件：

① 添加 4 个框架控件 Frame1 – Frame4 到窗体合适的位置，用于窗体布局；

② 添加标签 Label1 – 标签 Label8 到框架 Frame1 中，对相关控件进行文字性说明，通过"格式"菜单选项调整其格式；

③ 添加文本框 Text1 – Text7 至框架 Frame1 中，编辑对应学生信息，调整到合适位置；

④ 添加单选按钮 Option1、Option2 至框架 Frame1 中，用于设置学生性别信息，调到合适位置；

⑤ 添加命令按钮 Command1 – Command4 放置在 Frame2 中，用于执行相关操作，调整其大小及位置；

⑥ 添加 DataGrid 控件放置在 Frame3 中，显示数据信息，调整大小及位置；

⑦ 添加 Adodc 控件放置在 Frame4 中，调整大小及位置。

### 2. 属性设置

对控件的基本具体属性进行设置，注意命名时尽量体现控件特征与作用。

（1）Adodc1 属性设置：选中控件 Adodc1，右击鼠标，弹出快捷菜单选择"ADODC 属性"，弹出如图 8.3 所示属性页对话框图，单击"生成"命令按钮，弹出"数据链接属性"对话框，如图 8.4 所示。

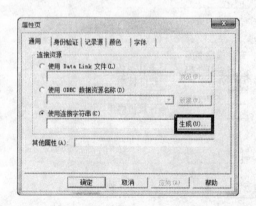

图 8.3　Adodc 控件"属性页"对话框 1　　　　图 8.4　"数据链接属性"对话框

选择"下一步"按钮，输入或选择要连接的数据库路径和文件名，如图 8.5 所示。

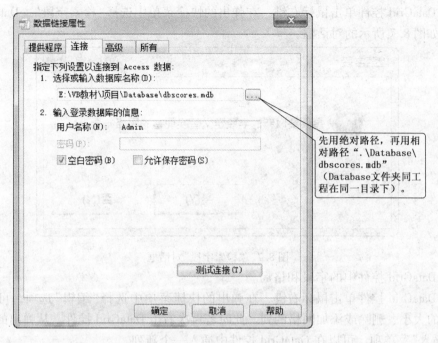

图 8.5 数据链接属性之连接对话框

单击"测试连接"按钮，如果创建的数据连接正确，则显示"测试连接成功"的消息框。

连接成功后，单击"确定"按钮，返回图 8.6 所示的"属性页"对话框。在"属性页"对话框中选择"记录源"选项卡，在"命令类型"下拉列表框。

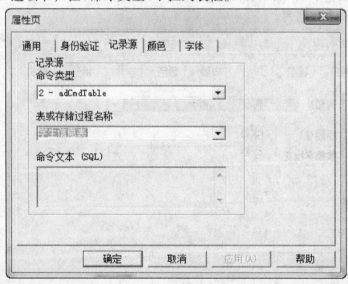

图 8.6 "记录源"选项卡

通过以上操作，为 ADO 控件创建了一个命令，即创建了一个数据源。

（2）绑定 DataGrid 控件和 ADO 控件：将 DataGrid 控件的 DataSource 属性设置为 Adodc1（ADO 控件的名称），这样就将 DataGrid 控件和 ADO 控件绑定在一起了。

注意：不要修改 DataGrid 控件的 DataMode 的缺省值 0 - Bound，否则不能自动显示数据库中的数据。

选择 DataGrid 控件单击鼠标右键，在弹出的快捷菜单中选择"检索字段"，DataGrid 控件立即出现如图 8.7 所示的对话框。

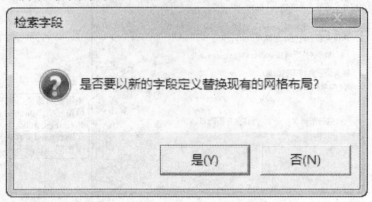

图 8.7    "检索字段"对话框

调整 DataGrid 控件中的字段和格局。

选择 DataGrid 控件单击鼠标右键，在弹出的快捷菜单中选择"编辑"选项，可以重新设置该网格的大小、删除或添加网格的列。此时若再次右击 DataGrid 控件，从弹出的快捷菜单中选择"插入"菜单项，可以在 GataGrid 控件中插入一个新列。

定义各列显示的字段以及各列标题。选择 DataGrid 控件单击鼠标右键，在弹出的快捷菜单中选择"属性"选项，可以打开"属性项"对话框，如图 8.8 所示。选择"列"选项卡，单击"列"的下拉列表框，选择"Colunm 0"；在"标题"文本框中输入"学号"，让"学号"作为显示的第一列；单击"数据字段"的下拉列表框，该列表框显示所选数据源中的字段，选择"学号"项，依次设置其余数据列。

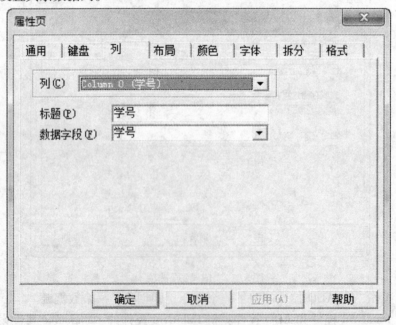

图 8.8    "属性页"之"列"选项卡

**3. 编写代码**

（1）"添加"命令按钮 cmdAdd_ Click 代码：

设计思路：添加过程类似与"用户添加"过程，区别只是所用的方法和不同。

提示：使用 ADO 控件查找使用 Recordset 的 Find 方法；判断此信息是否存在是通过判定查找是否已经到了记录集的最后一条记录，使用的 Recordset. EOF；添加与更新的方法分别为 AddNew 和 Update。

关键代码如下：

```
Adodc 1. Recordset. Find ("学号 = '" & txtxh. Text &"'")
    If Not Adodc1. Recordset. EOF Then
    MsgBox "该用户已经存在!", vbOKOnly + vbExclamation, "提示"
    ' 清空所有要添加文本框的值
    Exit Sub
    End If
     If Not IsDate(txtcsrq. Text) Then        ' 判断"出生日期"文本框中的内容是否为日期型
数据
    MsgBox "请输入日期型数据如:1999/9/10", vbOKOnly + vbExclamation, "提示"
    Exit Sub
  Else
    Adodc 1. Recordset. AddNew
    Adodc 1. Recordset. Fields("学号") = Trim(txtxh. Text)
    Adodc 1. Recordset. Fields("姓名") = Trim(txtxm. Text)
    If Option1(0). Value = True Then
     strxb = Option1(0). Caption
  Else
     strxb = Option1(1). Caption
  End If
  With Adodc1. Recordset
    . Fields("性别") = Trim(strxb)
    . Fields("出生日期") = Trim(txtcsrq. Text)
    . Fields("身份证号") = Trim(txtsfzh. Text)
    . Fields("院系名称") = Trim(txtyx. Text)
    . Fields("专业名称") = Trim(txtzy. Text)
    . Fields("班级名称") = Trim(txtbj. Text)
  End With
End If
Adodc1. Recordset. Update
DataGrid1. Refresh
```

代码分析：首先判断学号及姓名是否为空，如果为空则即出过程。Adodc1. Recordset. Find 是移动游标的命令，根据给定的条件，执行该命令后，游标会移动到第一次符合条件的记录，它的条件部分与 SQL 语句中的 Where 条件类似。如果是文本类型，要注意单引号的问题。在这里因为学号是学生信息中不可重复的，所以如果要添加的学生信息的学号已经存在于数据库中，则不能进行添加操作，且将所有的编辑信息都置空。

IsDate( ) 是 VB 内部函数，用来判断其中的参数是否为日期类型。具体的添加类似于 Data 控件的操作。添加记录，要使得 DataGrid 与记录集的变化一致，需要对 DataGrid 控件进行刷新，即使用 DataGrid1. Refresh。

（2）"删除"命令按钮 Cmddel_Click( ) 代码：

设计思路：首先使用 Find 方法，让游标指向要删除的行。Find 方法执行后，可以通过判断的记录集 EOF 属性是否为真来判断要删除的数据是否存在。Find 方法从当前记录集的位置数据开始找起，如果不是，游标就向下移动一行，如果游标移动到了最后一行的下一个位置，说明没有找到。当用户单击了消息框的"是"按钮，就可以执行记录集对象的 Delete 方法删除该数据。最后还要判断记录对象是否还有数据，如果没有，删除和修改按钮将不再有效。

```
关键代码：
Adodc1. Recordset. MoveFirst
Adodc1. Recordset. Find ( "学号 = '" & Trim( txtxh. Text) &"'" )
……
    Adodc1. Recordset. Delete
    MsgBox "删除成功!", vbOKOnly, "提示"
    Adodc1. Recordset. Update
    DataGrid1. Refresh
```

（3）"修改"命令按钮 Cmdmodify_Click( ) 事件：

设计思路：修改是对数据表中已有的数据进行的操作，一般指除关键字以外的字段中的数据。因为修改的是数据表已存在的数据，所以修改时可以通过关键字查找到该行的数据，然后把它的除了关键字以外的字段重新赋值就可以了。

（4）DataGrid 控件与对应控件的数据同步问题：

设计思路：在记录集记录数不为 0 的条件下，要求在数据浏览中单击哪条记录，对应的"学生信息编辑"处就要显示相应的记录信息，所以要求将当前记录集对应的字段的值一一赋值给对应的文本框。

DataGrid 控件与对应控件的数据同步问题 DataGrid1_RowColChange 关键代码：

```
    Private Sub DataGrid1_RowColChange(LastRow As Variant, ByVal LastCol As Integer)
If Adodc1. Recordset. RecordCount >0 Then
    If Adodc1. Recordset. BOF = True Or Adodc1. Recordset. EOF = True Then
    'Adodc1 与 DataGrid1 绑定,防止当 Adodc1 已指向第一个记录或最后一个记录时
    ' 出现错误提前退出过程
    '……
With Adodc1. Recordset
    txtxh. Text = . Fields( "学号")
```

```
txtxm. Text =. Fields("姓名")
If Option1(0). Caption =. Fields("性别") Then
    Option1(0). Value = True
Else
    Option1(1). Value = True
End If
txtcsrq. Text =. Fields("出生日期")
txtsfzh. Text =. Fields("身份证号")
txtyx. Text =. Fields("院系名称")
txtzy. Text =. Fields("专业名称")
txtbj. Text =. Fields("班级名称")
End With
```

说明：程序编写至此，功能已基本实现，但运行后会发现一个小小的缺陷，就是单击 DataGrid 控件后，窗体左部"学生信息编辑"下的控件中的数据没有同步变化。也就是说，在 GataGrid 控件的相应事件中还需要编程。因为通过试验知道，DataGrid 控件的 Click 事件中取到的记录集对象的游标始终是上一次单击后的游标的位置，始终落后一个节拍。而 Row-ColChange 事件符合程序要求，但执行前需要判断记录中是否有数据。

代码完善：

程序的功能基本已实现，但是在程序的执行过程中单击"添加"命令按钮不定时的会出现重复数据被添加，"删除"和"修改"也会出现不同程度的问题，例如：出现如下图 8.9 所示的提示。而且错误提示多指示在 GataGrid1_RowColChange 事件中，执行分析原因，是所进行的数据表编辑操作与此事件的同步出现问题，以及记录集中游标所在的位置的问题，所以对代码进行了进一步的完善。

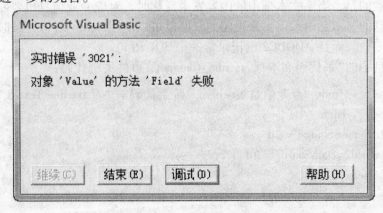

图 8.9　错误提示对话框

首先定义一个窗体级变量 flag 为 Boolean 类型，以"添加"按钮代码为例，当执行"添加"操作时把该变量修改为 True，执行结束时改为 False。在 RowColChange 事件执行代码前要判断该变量是否为 False，如果是就执行代码，否则不能执行。同时，需要修改的还有游标的位置，为解决在查找记录时遗漏游标前面的记录，将游标移到第一个记录。

（1）在代码窗口选择"通用"，声明变量 flag。

```
Dim flag As Boolean
```

设置此变量的作用：是在要求进入"添加"、"删除"和"修改"的过程时暂停与 DataGrid 控件的同步。所以在每个事件的开始设置 flag = True，在退出过程时设置 flag = False 即可。以"添加"按钮 cmdAdd_Click( ) 为例，修改后的代码：

```
Private Sub cmdAdd_Click( )
    flag = True
    '……
    flag = False
End Sub
```

"删除"按钮 Cmddel_Click( ) 与"修改"按钮 Cmdmodify_Click 修改同"添加"按钮。
（2）DataGrid 控件与对应控件的数据同步修改后的代码：

```
Private Sub DataGrid1_RowColChange( LastRow As Variant, ByVal LastCol As Integer )
    If flag = False And Adodc1. Recordset. RecordCount > 0 Then
        ' 原来的代码部分
    End If
End Sub
```

## 子任务二："系部专业信息管理"功能实现

### 1. 界面设计

设置用户界面，具体过程类似与学生信息管理的制作。

### 2. 编写代码

系部专业信息管理与学生信息管理基本思路一致，只是针对的表与字段不同，在此不再赘述。需要注意的是，当系文本框中的内容发生变化时，对应专业信息也要发生变化，也就是说：专业信息的显示是由系信息来决定的，所以可以使用 Select 语句，根据院系代码来找出此系所有的专业。而且 ADODC2 的记录集一个 SQL 语句。

系编辑信息中的"系代码文本框"txtxdm_Change( )事件关键代码：

```
sql = " select * from   专业信息表 where   院系代码 = '" & txtxdm. Text &"'"
If sql < > "" Then
    Adodc2. RecordSource = sql
    Set DataGrid2. DataSource = Adodc2
    Adodc2. Refresh
    '……
```

班级信息、课程信息与学生基本信息和系部专业信息实现基本一致，在此就不详细介绍了。

## 四、知识要点

### 1. ADO 控件

（1）添加 ADO 控件：ADO 控件不是标准控件，使用之前需要将其添加到工具箱中。执行"工程"→"部件"命令，在"部件"对话框中选择"Microsoft ADO DataControl 6.0（OLEDB）"复选框进行添加。

（2）ADO 控件的基本属性：使用 ADO 控件建立与数据库的连接，从数据库中选择记录集，是通过设置 ADO 控件的三个基本属性来完成的。

① ConnectionString 属性。该属性用于指定有效的与数据源连接的字符串，通过该字符串使 ADO 控件与指定的数据库建立连接。

② RecordSource 属性。该属性用于设置数据源，其值可以是表或存储过程名称，也可以是 SQL 语句。

③ ConnectionTimeout 属性。该属性用于连接的超时设置，若在指定的时间内连接不成功则显示超时信息。

④ MaxRecords 属性。该属性用于定义一个查询中最多能返回的记录数。

⑤ ConnamdType 属性。该属性用于指定 RecordSource 属性，有 4 个取值。1 - adCmdText：文本命令类型，通过使用 SQL 语句；2 - adCmdTable：存储在数据库中的表或视图；4 - adCmdStoreProc：存储在数据库中的存储过程；8 - adCmdUnknown：类型未知，通常使用 SQL 语句。

⑥ Reocordset 属性。该属性用于设置或返回 ADO 控件中的记录集对象，在从查询中返回记录集对象时，使用该属性。

（3）ADO 控件的基本方法：

① AddNew 方法。用于在 ADO Data 控件的记录集中添加一条新记录，其使用语法如下：

Adodcl. Recordset. AddNew

其中 Adodcl 是一个 ADO Data 控件的名字。在添加语句之后，应该给相应的各个字段赋值，然后调用 UpdateBatch 方法保存记录，或者调用 CancelUpdate 方法取消保存。

② Delete 方法。用于在 ADO Data 控件的记录集中删除当前记录，其使用语句如下：

Adodcl. Recordset. Delete

③ MoveFirst，MoveLast，MoveNext 和 MovePrevious 方法。用于在 ADO Data 控件的记录集中移动记录。MoveFirst、MoveLast、MoveNext 和 MovePrevious 方法分别移到第一个记录、最后一个记录、下一个记录和上一个记录，其使用语句如下：

Adodcl. Recordset. MoveFirst

Adodcl. Recordset. MoveLast

Adodcl. Recordset. MoveNext

Adodcl. Recordset. MovePrevious

④ CancelUpdate 方法。用于取消 ADO Data 控件的记录集中添加或编辑操作，恢复修改前的状态。其使用语句如下：

Adodcl. Recordset. CancelUpdate

⑤ UpdateBatch 方法。用于保存 ADO Data 控件的记录集中添加或编辑操作，其使用方法如下：

Adodcl. Recordset. UpdateBatch

⑥ UpdateControls 方法。该方法用于更新绑定控件的内容。绑定控件是通过设置控件的 DataSource 属性和 DataField 属性，从而将该控件与 ADO Data 控件的某个字段绑定到一起的。使用绑定控件可以让该控件的内容自动更新，取回记录集当前记录的内容或将更新的内容保存到记录集中。

（4）ADO Data 控件的常用事件：

① WillMove 和 MoveComplete 事件。WillMove 事件在当前记录的位置即将发生变化时触发，如使用 ADO Data 控件上的按钮移动记录位置时。MoveComplete 事件在位置改变完成时触发。

② WillChangeField 和 FieldChangeComplete 事件。WillChangeField 事件是当前记录集中当前记录的一个或多个字段发生变化时触发，而 FieldChangeComplete 事件则是当字段的值发生变化后触发。

③ WillChangeRecord 和 RecordChangeComplete 事件。WillChangeRecord 事件是当前记录集中的一个或多个记录发生变化前产生，而 RecordChangeComplete 事件则是当前记录已经完成后触发。

## 2. DataGrid 控件

DataGrid 控件是一种类似于表格的数据绑定控件，可以通过行和列显示 Recordset 对象的记录和字段，用于浏览和编辑完整的数据库表和查询。

在使用 GataGrid 控件之前必须在控件箱中添加部件，在部件选项卡中选择"Microsoft DataGrid Control 6.0（OLEDB）"复选框，则 GataGrid 控件就添加在控件箱中。

（1）创建 DataGrid 控件的一般步骤：

① 在窗体上放置一个 ADO Data 控件，并设置 ConnectionString 和 Recordsource 属性。

② 在窗体上放置一个 DataGrid 控件，设置 DataSource 属性为对应的 ADO Data 控件。

③ 用鼠标右键单击该 DataGrid 控件，然后选择"检索字段"命令，就会用数据源的记录集来自动填充该控件，并自动设置该控件的列标头。

④ 用鼠标右键单击该 DataGrid 控件，然后单击"属性"。使用"属性页"选项卡来设置该控件的适当属性，重新设置该网格的大小和需要显示的列，DataGrid 控件可以快速进行属性的设置。

（2）常用事件：

RowColChange 事件：该事件是在当前单元改变为其他不同单元时触发。

语法：

Pivate Sub 对象_RowColChange（LastRow As Variant，LastCol As Integer）

其中：LastRow：用来指定前一行的位置；

LastCol：用来指定前一列的位置。

例如，当网格的行或列变化时，在窗体上显示当前单元的文字、行和列的信息。

```
Private Sub DataGrid1_RowColChange(LastRow As Variant，ByVal LastCol As Integer)
    Print DataGrid1. Text；DataGrid1. Row；DataGrid1. Col
End Sub
```

## 3. Select 语句

Select 命令的语法格式：

Select 字段表

From 表名

Where 查询条件

Group By 分组字段

Having 分组条件

Order BY 字段［Asc｜Desc］

其中：

字段表部分包含了查询结果要显示的字段清单，字段之间用逗号分开。要选择表中所有的字段，可用星号 * 代替具体字段表。如果所选定的字段要更名，可在该字段后用 AS[新名]实现。如果所选定的字段或表名中含有空格，则要将名称用方括号括起来。

From 子句用于指定一个或多个表。如果所选的字段来自不同的表，则字段名前应加表名前缀，如学生信息表、学号、学生成绩表、成绩等。

Where 子句用于限制记录的选择，构造查询条件可使用大多数的 VB 内部函数和运算符。

Group By 和 Having 子句用于分组和分组过滤处理。它能把指定字段列表中相同值的记录合并成一条记录。如果在 Select 语句中含有 SQL 合计函数，例如，Sum 或 Count，那么就为每条记录创建摘要值。在 Group By 字段中的 NULL 值会被分组，并不省略。但是在任何 SQL 合计函数中都计算 NULL 值。

Order By 子句决定了查找出来的记录的排列顺序。在 Order By 子句中，可以指定一个或多个列作为排序键，Asc 选项代表升序，Desc 代表降序。通常 Order By 是 SQL 语句的最后一项，它是可选的。如果未包含 Order By 子句，则数据就以无序方式显示。

在上述 SQL 语句中，Select 和 From 子句是必需的，它告诉 VB 从何处找想要的数据，通过使用 Select 语句可返回整个记录集。

## 五、学生操作

（1）实现学生成绩管理系统中班级信息、课程信息的管理。

（2）在仓库管理系统中使用 ADO 控件和 DataGrid 控件等设计货物库存，以及入库出库等信息管理模块，要求能对相应信息进行编辑、添加、删除以及更新和取消操作，并且 DataGrid 控件的显示要与相应操作保持一致。图 8.10 为"货物库存"管理模块运行效果。

图 8.10　"货物库存"管理界面设计

考核点：

（1）用户操作界面设计；

（2）ADO 控件的主要属性与数据库的连接，数据库路径的正确性；

（3）能使用 ADO 控件实现对数据表进行添加、删除、更新等操作；

（4）数据编辑显示能与数据信息浏览 DataGrid 中显示的同步，并能处理特定位置的操作如第一个记录，最后一个记录等。

# 六、任务考核

任务考核见表8.1。

表8.1　任务考核表

| 序号 | 考 核 点 | 分值 |
|---|---|---|
| 1 | ADO 控件与数据库的连接（重要属性的使用） | 1 分 |
| 2 | DataGrid 控件数据信息正确显示 | 2 分 |
| 3 | 用户界面设计效果 | 2 分 |
| 4 | 基础信息管理功能模块的实现（添加、删除、修改以及与数据显示控件的同步） | 5 分 |

# 七、知识扩展

## 1. Recordset 对象

Recordset 对象用于保存来自基本表或命令执行结果的记录全集，并可将修改后的记录返回数据库。在 ADO 对象模型中，是在行中检查和修改数据的最主要的方法，所有对数据的操作几乎都是在 Recordset 对象中完成的。Recordsetr 对象用于指定行、移动行、添加、更改、删除记录。

（1）Recordset 的常用属性：

BOF 属性：检验当前记录集对象所指位置是否在第一条记录之前，若成立则返回 True，否则返回 False。

EOF 属性：检验当前记录集对象所指位置是否在最后一条记录之后。若成立则返回 True，否则返回 False。

AbsolutePage 属性：设置或返回当前记录所在位置是第几页。

AbsolutePosition 属性：设置记录集对象所在位置是第几条记录。

ActiveConnection 属性：设置或返回记录集属于哪一个 Connection 对象。

CacheSize 属性：设置记录集对象在内存中缓存的记录数。

CousoeType 属性：设置记录集对象的光标类型，共分为四种，分别为 Dynamic、Static、Forward – only、Keyset。

EditMode 属性：指定当前是否处于编辑模式。

LockType 属性：在记录集的当前位置锁定记录。

PageSize 属性：设置记录集对象一页所容纳的记录数。

PageCount 属性：显示记录集当前的页面总数。

State 属性：返回记录集的当前状态。

RecordCount 属性：返回记录中的记录数目。

Filter 属性：设置或返回记录集的数据过滤条件。

CursorLocation 属性：设置或返回指针（也称光标或游标）的位置，默认的为 adUserServer，即使用服务器端游标，设置为 adUserClient 可使用客户端游标。

（2）记录集游标类型：游标类型决定了访问记录集的方式，是否可修改记录集中的数据以及是否可将记录集的修改返回数据库。ADO 定义了四种游标：

动态游标：CursorType 属性设置为 adOpenDynamic。可查看其他用户所作的添加、更改和删除，并用于不依赖书签的 Recordset 中各种类型的移动。如果提供者支持，可使用书签。

键集游标：CursorType 属性设置为 adOpenKeyset。类似动态游标，不同的只是禁止查看其他用户添加的记录，并禁止访问其他用户删除的记录，其他用户所作的数据更改将依然可见。它始终支持书签，因此允许 Recordset 中各种类型的移动。

静态游标：CursorType 属性设置为 adOpenStatic。提供记录集的静态副本以查找数据或生成报告。它始终支持书签，因此允许 Recordset 中各种类型的移动。其他用户所作的添加、更改或删除将不见。这是打开客户端 Recordset 对象时惟一允许使用的游标类型。

仅向前游标：CursorType 属性设置为 adOpenForwardOnly。仅允许在记录中向前滚动使用的游标类型。

Recordset 的 CursorType 属性用于设置游标类型，或在 Open 方法中传递游标类型。

（3）记录集锁定类型：LockType 属性用于设置或返回记录集的锁定类型，在记录集关闭时可以读写 LockType 属性。在记录集打开时，LockType 属性为只读。LockType 属性可使用下列常量：

adLockReadOnly：默认值，只读。不能修改数据。

adLockPessimistic：保守式记录锁定（逐条）。在修改记录时立即锁定记录。

adLockOptimistic：开放式记录锁定（逐条），只在调用 Update 方法时锁定记录。

adLockBatchOptimistic：开放式批更新。只在调用 UpdateBatch 方法时锁定记录。

提示：如果 CursorLocation 属性设置为 adUseClient，则 LockType 属性不支持 adLockPessimistic 设置。设置不支持的值不会产生错误，此时将使用最接近的 LockType 值。可使用 Supports 方法测试提供者支持的锁定类型。

（4）引用记录集中的字段：Recordset 对象的 Fields 集合包含了当前记录的字段，可以使用多种方法来引用当前记录字段。例如，记录集 rst 的第 1 个字段（序号为 0）名称为"学号"，可使用下面的各种方法来引用该字段：

rst. Fields. Item(0). Value

rst. Fields. Item(0)

rst. Fields. Item("学号"). Value

rst. Fields. Item("学号")

rst. Fields(0)

rst. Fields(0). Value

rst. Fields("学号"). Value

rst. Fields("学号")

rst(0). Value

rst(0)

rst("学号"). Value

rst("学号")

rst! 学号

最后一种方法效率最高。

Fields 对象属于 Recordset 对象的 Fields 数据集合，Fields 的常用属性有以下几个

Count 属性：取得当前 Recordset 对象记录集合中的字段数量。

Name 属性：取得当前 Recordset 对象记录集合中的字段名称。

Value 属性：取得当前 Recordset 对象记录集合中的字段内容。

Type 属性：取得当前 Recordset 对象记录集合中字段的数据类型。

例如：

rst. Fields(I). Name

rst. Fields(I). Value

rst. Fields(I). Type

rst. Fields(I). Attributes

rst. Fields(I). DefinedSize

上述程序的索引变量 I 是从"0"开始，增量为"1"，持续累加直到 I 为"FieldCount - 1"为止，依次取得字段的相关信息。

（5）浏览记录集：在一个记录集只可能有一个记录成为当前记录，绝大多数记录集操作都是针对当前记录。Recordset 对象提供了多个属性和方法来实现记录浏览，即切换当前记录。

Recordset 对象与记录浏览相关的属性如下：

PageSize 属性：设置或返回记录集中每个记录页中包含的记录条数，默认值为 10。

PageCount 属性：返回记录页个数。

AbsolutePage：返回当前记录页序号。

AbsolutePosition 属性：返回当前记录绝对位置的序号。

BOF 属性：返回记录指针是否指向第一个记录之前。

EOF 属性：检验当前记录集对象所指位置是否在最后一条记录之后。

Recordset 对象与记录浏览相关的方法如下：

Move n：使当前记录向前或向后的第 n 条记录成为当前记录，n 大于 0 向前（记录集的末尾），n 小于 0 向后（记录集的开头）。

MoveFirst：使第一条记录成为当前记录。

MoveLast：使最后一条记录成为当前记录。

MoveNext：使下（向记录集的末尾）一条记录成为当前记录。

MovePrevious：使上（向记录集的开头）一条记录成为当前记录。

（6）记录集排序：利用记录集的 Sort 属性可实现记录集排序。排序仅是按排序的顺序访问记录，实际数据并没有排序。设置 Sort 属性时需指定排序字段的名称，多个字段使用逗号分隔。此时可用 ASC 或 DESC 关键字，前者表示按升序排序（从小到大），后者按降序排序（从大到小），默认为 ASC。如：

rst. Sort = "姓名 ASC"

将 Sort 属性设置为空字符串可取消排序，恢复原始顺序。如：

rst. Sort = " "

（7）筛选记录：可设置记录集的 Filter 属性来筛选，只有使筛选条件为 True 的记录才出现在记录集中。设置 Filter 属性会影响 AbsolutePosition、AbsolutePage、RecordCount 和 Page-Count 属性值。

一般使用包含逻辑表达式的字符串作为 Filter 属性值，例如：

Rst. Filter = "班级 = '过控 111'"

字符串中的字符串由单引号括起来，日期使用"#"括起来。字符串中可用 <、>、<=、>=、<>、= 或 like 关系运算符，AND 和 OR 两个逻辑运算符，且 AND 和 OR 没有优先级之分。Like 的模式字符串可用"*"或"%"代表任意长度的任意字符构成的字符串，"_"代表一个任意的字符。

将 Filter 属性设置为空字符串或 adFilterNone 常量可取消筛选，如：

rst. Filter = ""

rst. filter = adFilterNone

（8）查找记录：记录集的 Find 方法用于查找记录，其语法格式如下：

记录集对象. Find 条件字符串中，n，方向，start

条件字符串是用 >、<、= 或 Like 等关系运算构成的关系表达式。条件字符串中的字符串用单引号括起来，日期使用"#"括起来。如：

Rst. Find"学号 = '19990191'

（9）常见操作方法：

AddNew 方法：添加记录，如 rst. AddNew '添加一条空记录。

在执行 AddNew 方法时，ADO 自动执行 Update 方法保存前面的修改或添加的记录。新添加的记录自动成为当前记录。

注意：AddNew 方法仅是一条空记录，在执行 Update 方法之前如果改变当前的记录，Recordset 对象会丢弃新添加的记录。在执行 AddNew 方法之后，可立即修改记录数据，并执行 Update 方法将其添加到记录集。

Delete 方法：删除记录，如：rst. Delete'删除当前记录。

注意：Delete 方法实际是为当前记录添加删除标识，立即更新模式（LockType 属性设置为 adLockPessimistic）可以立即删除记录，否则直接执行 Update 方法时才会删除记录。执行 Delete 方法时，记录指针仍指向该记录。如果访问标识为删除的记录将出错。一旦记录指针移动到其他记录，则无法再访问已删除的记录。所以在执行 Delete 删除后，应改变当前记录。

（10）Recordset 对象使用步骤：Recordset 对象在使用前同样需要使用 Connection 对象建立数据库的连接，其步骤如下：

① 创建 Connection 对象，打开数据源。

② 创建 Recordset 对象。

③ 打开 Recordset 取得数据。

④ 处理 Recordset 对象的记录。

⑤ 关闭 Recordset 对象。

⑥ 关闭与数据库的连接

### 2. VB6 数据窗体向导

数据窗体向导可以产生一个完全可操作的窗体，这是 ADO Data 控件提供的将一组控件绑定到某个数据源的简单方法，包括了用户界面和所需要的代码。

使用数据窗体的步骤：

（1）单击菜单项"外接程序"→选择"外接程序管理器（A）"命令。

（2）出现"外接程序管理器"窗体，选择"VB6 数据窗体向导"，单击"加载"复选框，如图 8.11 所示。

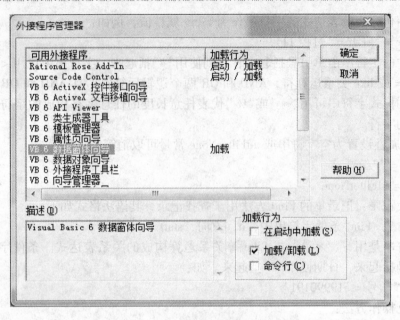

图 8.11 "外接程序管理器"窗口

（3）出现"外接程序管理器"窗体，选择"数据窗体向导"，单击该命令出现"数据窗体向导——介绍"，单击"下一步"按钮。

（4）在"数据窗体向导——数据库类型"中选择数据库类型为"Access"，单击"下一步"按钮。

（5）在"数据窗体向导——数据库"单击"浏览"按钮"选择所要使用的数据库，注意相对路径，单击"下一步"。

（6）在"数据窗体向导——Form"中输入窗体名称为"frmxsxx"，窗体布局中选择"网格（数据表），绑定类型为"ADO 数据控件(D)，结果如图 8.12 所示。

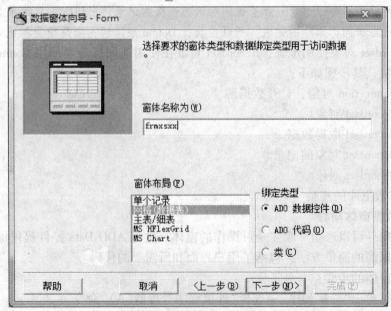

图 8.12 "数据窗体向导——From"

（7）在"数据窗体向导——记录源"中的记录源（R）下拉列表中选择"学生信息表"将可用字段全部添加到选定字段，结果如图8.13所示。

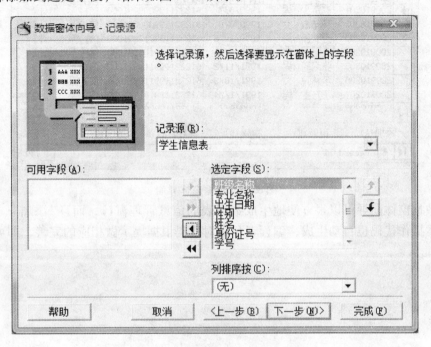

图8.13　"数据窗体向导——记录源"

（8）在如图8.14所示的"数据窗体向导——控件选择"中选择需要在窗体上显示的控件。单击"完成"按钮就自动生成窗体，运行效果如图8.15所示。

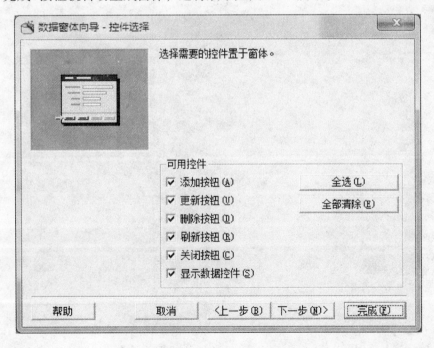

图8.14　"数据窗体向导——控件选择"

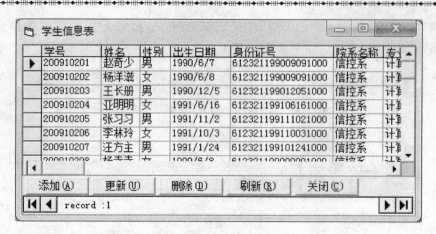

图 8.15　数据窗体界面

使用数据窗体向导可以很方便地生成数据表的信息管理窗口，而且"添加"、"更新"等按钮的基本操作代码也自动生成，编程者只需对代码根据提示做相应的完善，即可实现数据信息的管理。

# 任务九　成绩录入与查询

## 一、学习目标

**1. 功能目标**

根据用户不同类别实现成绩录入，班级、个人成绩查询以及成绩修改功能。

**2. 知识目标**

(1) 熟练掌握 ADO 对象编程的应用；

(2) 掌握数据检索的常用方法。

**3. 技能目标**

(1) 能够熟练使用 ADO 对象编程实现对数据库的操作；

(2) 能够对信息管理系统中的数据表进行各种要求的数据检索。

## 二、任务描述

### 子任务一："成绩录入"任务分析

"成绩录入"功能只有管理员和教师用户可以使用，如果登录用户是教师，则在窗体装载时课程组合框(Cmbkc)中添加当前教师所担任的所有课程，根据课程的选择，在班级组合框(Cmbbj)中添加课程对应的班级项，选择显示的课程对应的班级，则在网格控件中显示所要输入班级课程的学生学号、姓名、成绩、成绩备注项(如果成绩还未录入则成绩一项为空，否则显示已录入的成绩)。注意学号和姓名是不能更改的，当所有输入完成后要求教师确认，确认无误后，则不能再更改。如果登录用户是管理员，则课程名称组合框中显示所有课程名称，可以选择课程，也可以直接输入要录入成绩的课程名称，其他操作与教师的操作一样。运行效果图如图 9.1 所示。

实现此功能模块要解决的如下问题：

(1) 如何根据当前用户在窗体的课程名称中加载相应课程；

(2) 如何根据选择或输入的课程名称，显示相应的班级名称；

(3) 如何实现部分字段数据不能被编辑；

(4) 如何使得成绩录入确认后便不能够再修改。

### 子任务二："成绩查询"任务分析

**1. 班级成绩查询任务分析**

选择系统菜单项"成绩管理"→"成绩查询"→"班级成绩查询"，进入如图 9.2 所示的"班级成绩"查询窗口，根据提示依次选择系、专业选项框中添加当前所选系中所有专业名

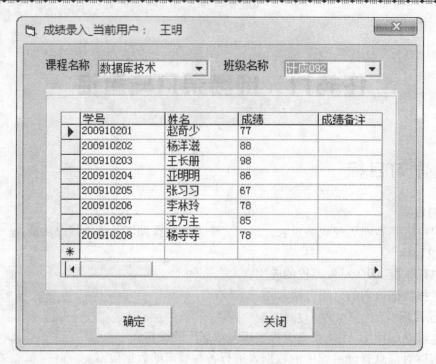

图 9.1　"成绩录入"运行效果图

称，依次选择专业对应的班级和要查询的学期，则成绩浏览显示相应的数据。其中除系以外其他信息都是必须依次选择的，而且每一个下级项的值由上级选项决定。

图 9.2　"班级成绩"查询窗口

本任务对"系"、"专业"、"班级"以及"学期"的选择都类似与任务"成绩录入"，主要问题有两点：

（1）如何将一个表字段值以另一表的字段名称的形式显示；

（2）如何将成绩正确地显示在新数据表中。

**2. 学生成绩查询**

学生成绩查询操作只有管理员和学生可以使用，选择菜单项"成绩管理"→"成绩查询"→"学生成绩查询"，进入图示 9.3"学生成绩"查询窗口，如果登录用户是学生，则当前窗口显示此学生的所有成绩。如果登录用户为管理员，则要求输入要查询学生的学号，点击"查询"命令按钮，显示如图 9.3 所示运行效果。

此任务相对班级成绩查询来说比较简单，要解决的问题如下：

（1）根据管理员或学生不同身份，显示的操作界面不一致；

（2）数据查询操作的实现。

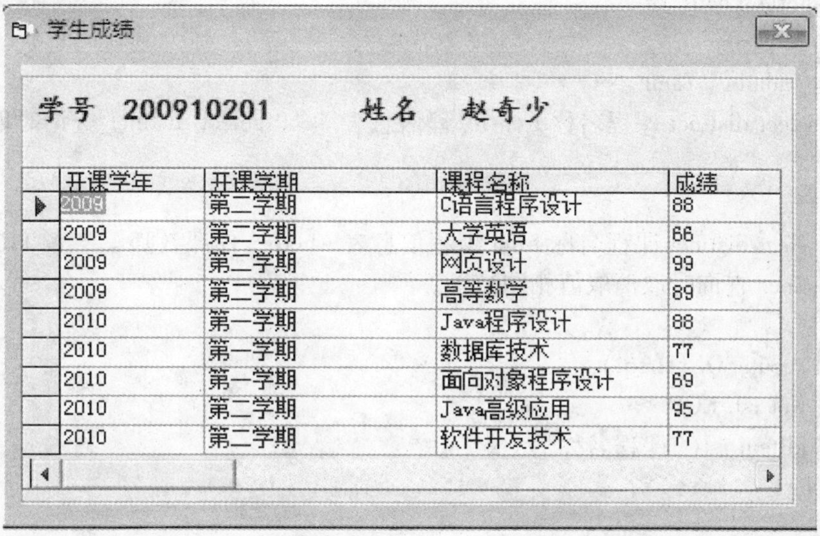

图9.3　"学生成绩"查询窗口

## 子任务三：成绩修改任务描述

此功能模块只有管理员才有权限来操作。在操作过程中输入学生的学号和相应课程号，从学生成绩表中取得数据，然后进入修改，再对数据库信息进行更新。

# 三、过程演示

## 子任务一："成绩录入"功能实现

### 1. 界面设计

设计"成绩录入"用户界面如图9.1所示，具体设计过程如下：

（1）添加一个窗体；

（2）添加两个标签 Label 控件，用作显示提示性信息；

（3）添加两个组合框控件 Combo1、Combo2，控件用来对相应的课程和班级进行选择；

（4）添加一个框架用于框架布局及美化界面；

（5）添加一个 DataGrid 网格控件，用来显示课程成绩数据；

（6）添加两个命令按钮，用于确认输入数据与关闭成绩录入窗口。

### 2. 编写代码

（1）在代码窗口选择"通用"，设置一个模块级变量输入如下代码：

```
Dim rst As New ADODB. Recordset      ' 创建记录集对象
```

（2）窗体 Form_Load( )事件：

设计思路：成绩录入模块主要是根据登录的用户查找当前用户可录入的成绩，管理员可以对全部课程成绩进行录入，普通教师只能对自己所担任的课程进行成绩的录入。录入教师选择课程和相应的班级后就可以进行成绩录入的操作了。

窗体 Form_Load( )事件的代码：

```
Private Sub Form_Load( )
    Dimstrsql As String
    If Tyhm = "admin" Then
    strsql = "select distinct 课程名称 from 课程信息表 "    ' select distinct 查询时取消取值相
同结果。
    Else
    strsql = "select distinct 课程名称 from 课程信息表 where    任课教师 = '" & Tyhm & "'"
    'select distinct 查询时取消取值相同结果。
    End If
    Set rst = ExecuteSQL( strsql)
    Do While Not rst. EOF
    Cmbkc. AddItem rst( "课程名称" )
    rst. MoveNext
    Loop
    rst. Close
    Set rst = Nothing
    Me. Caption = Me. Caption & Tyhm    ' 设置窗体标题显示当前用户。
    cmdqd. Enabled = False
    End Sub
```

代码分析：根据登录用户 Tyhm，查找当前用户可录入成绩的课程，如果是管理员可以对全部课程成绩进行录入，则将所有课程添加到课程组合框 Cmbkc 中，关闭记录集 rst。在窗体上显示当前登录的用户名，其中 Tyhm 为前面在模块中定义的全局变量，是在登录时记载的登录用户。窗体装载时 DataGrid1 内没有指定课程的成绩数据显示，所以"确定"按钮的 Enabled 属性值为 False。

（3）"课程"组合框 Cmbkc_Click 代码：

```
Private Sub Cmbkc_Click( )
    Dim strsql As String
    strsql = "select 班级名称 from 班级信息表 where 班级代码 in ( select 班级代码 from 课程
信息表 where 课程名称 = '" & Trim(Cmbkc. Text) &"')"
    Set rst = ExecuteSQL( strsql)
    Cmbbj. Clear
        For i = 1 To rst. RecordCount
        Cmbbj. AddItem rst( "班级名称" ). Value
        rst. MoveNext
    Next i
    Cmbbj. Text = "请选择班级"
    rst. Close
    cmdqd. Enabled = False    ' 选择了课程,在没选择班级之前,"确定"按钮不可用
End Sub
```

代码分析：通过课程的选择在班级组合框中显示有这门课的班级，因为每次选择都是一个新的内容，所以首先清除班级组合框中的内容。使用循环语句将查询到的 rst 中所有的班级添加到班级组合框，并使用 Cmbbj 组合框显示"请选择班级"以方便使用者的操作。

（4）"课程"组合框 Cmbkc_Change 代码：

设计思路："课程"组合框的 Change 事件主要是针对管理员对课程名称的输入而设置的，管理员有权限录入所有课程的成绩信息，但是如果一个一个找比较麻烦，所以当"课程"组合框中的内容发生变化时触发该事件，具体过程类似与 Cmbkc_Click 事件过程。

（5）"班级"组合框 Cmbbj_Click 代码：

```
Private Sub Cmbbj_Click( )
  Dim rst1 As New ADODB. Recordset
  Dimstrsql As String
  strsql = " select * from 学生成绩表 where 课程名称 = '" & Trim( Cmbkc. Text) &" ' and 学
  号 in( select 学号 from 学生信息表 where 班级名称 = '" & Trim( Cmbbj. Text) &" ')"
  Set rst = ExecuteSQL( sql)
  strsql = " select 学号,姓名 from 学生信息表 where 班级名称 = '" & Trim( Cmbbj. Text) &"'"
  Set rst1 = ExecuteSQL( strsql)
  Set DataGrid1. DataSource = rst
  DataGrid1. Refresh
  DataGrid1. Columns(2). Visible = False        ' 在输入成绩时不用显示课程名称
  rst1. MoveFirst
```

成绩输入时如果学生成绩表中还没有相应的数据,则根据对应的学生信息表进行添加,为了避免重复在添加之前先查找是否存在此记录,若无则添加。

```
  Do While Not rst1. EOF
  s = rst1( "学号")
  rst. MoveFirst
  rst. Find ( "学号 = '" & s &" '")
   If rst. EOF Then
     rst. AddNew
     rst( "学号") = rst1( "学号")
     rst( "姓名") = rst1( "姓名")
     rst( "课程名称") = Trim( Cmbkc. Text)
   End If
  rst1. MoveNext
  Loop
  rst. MoveFirst
```

判断学生成绩是否已全部录入,如果全部录入则不能进行编辑。

```
  For i = 1 To rst. RecordCount
    If IsNull( rst( "成绩")) Then
    DataGrid1. AllowUpdate = True
    cmdqd. Enabled = True
    Exit For
```

```
        End If
      rst. MoveNext
   Next i
   DataGrid1. Refresh
   rst1. Close
   Set rst1 = Nothing
   DataGrid1. Columns(0). Locked = True  ' 成绩输入时教师不能更改学生学号和姓名
   DataGrid1. Columns(1). Locked = True
End Sub
```

代码分析：rst1 是根据组合框"班级名称"在学生信息表中选择学生的学号和姓名，如果学生信息表对应班级的学生信息不存在学生成绩表中时，则需要将信息添加进学生成绩表。为了避免数据重复，在添加之前需要查找要添加的信息是否存在，如不存在则添加。

如果学生成绩已全部录入，则不可以再次修改，所以根据 GataGrid 中成绩是否为空，来判断能不能修改其中的成绩值。如果成绩已全部输入则"确定"命令按钮不可用；否则如果成绩有为空的则修改 DataGrid 的 AllowUpdata 属性值为 True，"确定"命令按钮可用。

Set DataGrid1. DataSource = rst 是把 DataGrid 控件的数据源指定为该记录集，这时就可以在 DataGrid 控件中看到记录集中的数据。

IsNull( ) 是一个内部函数，判断参数对象是否为空（指出表达式是否不包含任何有效数据）。若是返回 True，否则返回 False。

最后锁定 DataGrid 控件的第一列和第二列，使得教师不能更改学生的学号和姓名信息。

（6）"确定"命令按钮 cmdqd_Click 代码：

```
Private Sub cmdqd_ Click( )
    x = 0      ' 用来记录输入成绩的数量
    If DataGrid1. AllowUpdate = False Then    ' 判断 DataGrid1 是否能够更改
        MsgBox "本课程成绩已全部录入，不能修改"
    Else
        rst. MoveFirst
        For i = 1 To rst. RecordCount
            If rst("成绩") < > "" Then x = x + 1
        rst. MoveNext
        Next i
        If x = rst. RecordCount Then
            Y = MsgBox("已录入所有数据，选择"是"将不能再进行更改", vbYesNo +_
vbCritical, "提示")
            If Y = vbYes Then DataGrid1. AllowUpdate = False
        Else
            MsgBox "共有   " & rst. RecordCount & "条数据，已录入" & x & "条"
        End If
    End If
End Sub
```

代码分析：设置一个变量 x 用来记录输入成绩的个数。判断 DataGrid1 是否能够更改，如果不能，说明成绩早已录入，而且不能修改；否则如果已全部输入且确认，则不能对成绩再做修改，对于成绩录入中出现的问题，只有管理员才有权力修改。

（7）"关闭"命令按钮 Cmdgb_Click 代码：

```
Private Sub Cmdgb_Click( )
    Unload Me
End Sub
```

## 子任务二："成绩查询"功能实现

### 1. 班级成绩查询

（1）界面设计：根据要求设计如图 9.4 所示班级成绩查询界面，具体设计过程如下：

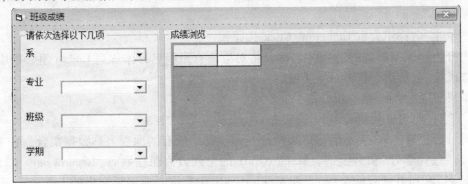

图 9.4　"班级成绩"查询界面

① 添加一个窗体；

② 添加两个框架，用于界面布局，美化界面；

③ 添加四个标签 Label 控件，用来作显示说明性文字；

④ 添加四个组合框控件 Combo1 – Combo4，控件用来对相应的系、专业、班级和学期进行选择；

⑤ 添加一个 MSFlexGrid1 ▦ 控件，用来显示课程成绩数据，由于字段名和内容需要动态添加中，所以必须设置 AllowAddNew 属性值为 True。

说明：MSFlexGrid 不是标准控件，在使用之前要添加到工具箱。添加 MSFlexGrid1 控件到工具箱需要进行部件添加操作：在工具箱上单击右键，选择"部件"选项，在弹出的部件对话框中选择 ☑Microsoft FlexGrid Control 6.0（SP3）。

（2）编写代码：

① "通用"代码段代码定义如下：

```
    Dim strbjdm As String                    '变量 strbjdm 用来表示班级代码
    Dim rst As New ADODB. Recordset
```

② 窗体 Form_Load( )事件代码：

设计思想：窗体运行前"院系信息表"中"院系名称"添加到窗口的系组合框，具体操作类似"成绩录入"中的"课程名称"的添加。

```
Private Sub Form_Load( )
    Dim strsql As String
    strsql = "select * from 院系信息表"
    Set rst = ExecuteSQL(strsql)
    Do While Not rst. EOF
        Cmbxmc. AddItem rst("院系名称")
        rst. MoveNext
    Loop
End Sub
```

③"系"名称组合框 Cmbxmc_Click 事件代码如下：

代码分析：根据所选"系"的名称，将此系中对应的所有专业名称添加到 Cmbzymc 组合框中。

④"专业"名称组合框 Cmbzymc_Click 代码：

代码分析：根据所选的"专业"名称，将对应所有班级名称添加到 Cmbbj 组合框中。

⑤"班级"名称组合框 Cmbbj_Click：

基本思想同"专业"名称组合框。

⑥"学期"组合框代码：

代码分析：首先 rst 表示当前班级所选开课学期中所有的课程名称数据集合，在 MSFlex-Grid1 前两列是"学号"和"姓名"，MSFlexGrid1 的总列数为课程数 rst. RecordCount + 2（即"学号"、"姓名"和所开课程的个数）。在 MSFlexGrid1 中根据对应班级学生的人数确定添加的行数。然后将对应的学生的学号、姓名添加到 MSFlexGrid1 中，再将对应学生的各课程成绩逐列加入到 MSFlexGrid1 中。

学期组合框实现的关键代码：

```
MSFlexGrid1. Clear
strsql = "select 课程名称 from 课程信息表 where 班级代码 = '" & strbjdm & "'and 开课
学期 = '" & Right(Cmbxq. Text, 4) & "'order by 课程名称"
Set rst = ExecuteSQL(strsql)
rst. MoveFirst
MSFlexGrid1. TextMatrix(0, 0) = "学号"                '向单元中添加文本
MSFlexGrid1. TextMatrix(0, 1) = "姓名"
MSFlexGrid1. Cols = rst. RecordCount + 2
strsql = "select distinct 学号，姓名 from 学生成绩表 where 学号 in (select 学号 from 学
生信息表 where 班级名称 = '" & Cmbbj. Text & "')"
Set rst1 = ExecuteSQL(strsql)
If rst1. RecordCount <> 0 Then
    rst1. MoveFirst
Else
    Exit Sub
End If
```

```
      For j = 1 To rst1. RecordCount
        MSFlexGrid1. AddItem"" , j                    ' 使用 AddItem 方法增加新行
        MSFlexGrid1. TextMatrix( j, 0) = rst1( 0)
        MSFlexGrid1. TextMatrix( j, 1) = rst1( 1)
        rst1. MoveNext
      Next j
      rst1. MoveFirst
      For i = 0 To rst. RecordCount  - 1
        MSFlexGrid1. TextMatrix( 0, i + 2) = rst( 0)
        rst1. MoveFirst
        For j = 1 To rst1. RecordCount
          strsql = "select 成绩 from 学生成绩表 where 课程名称 = '"& rst( 0) & '"and 学号 =
'"& rst1( 0) & ""'
          Set rst2 = ExecuteSQL( strsql)
          s = rst2( 0)        ' 为了处理成绩为空的情况设置了一个临时变量
          If IsNull( s) Then
            s = ""
          End If
          MSFlexGrid1. TextMatrix( j, i + 2) = s
          rst1. MoveNext
        Next j
      rst. MoveNext
      Next i
```

注意：难点在于将记录集中课程名称的具体数据，作为一个新的记录集中的字段出现。

**2. 学生成绩查询**

（1）界面设计：根据要求设计如图9.5所示班级成绩查询界面，具体设计过程如下：

图9.5　"学生成绩查询"界面设计

① 添加一个框架中（Frame），用来布局界面；

② 添加4个标签，两个用来分别显示为"学号"和"姓名"，另外两个用来显示当前登录

学生的学号和姓名；

③ 添加 1 个文本，用来让管理员输入要查询成绩学生的学号；

④ 添加一个 DataGrid 控件，用来显示学生的成绩。

（2）编写代码：

① 窗体"通用"部分代码：

```
Dim xh As String
Dim rst As New ADODB. Recordset
```

② 窗体 Form_Load 事件：

设计思路：首先要求打开数据库连接，根据登录用户的身份，决定窗体界面上控件的显示，如果用户是学生，直接调用成绩查询过程 cx。如果是管理员，则要求显示输入学生学号的文本框。

③ 自定义查询过程 cx 代码：

```
Private Sub cx( )
    Dim strsql As String
    strsql = "select 姓名 from 学生成绩表 where 学号 = '" & Tyhm & "'"
    Set rst = ExecuteSQL( strsql)
    If rst. RecordCount  < > 0 Then
        Label4. Caption = rst(0)
    Else
        MsgBox "没有这个学生,请重试输入"
        Exit Sub
    End If
    strsql = "select distinct 课程信息表. 开课学年,课程信息表. 开课学期,学生成绩表. 课程名称,学生成绩表. 成绩 from 课程信息表,学生成绩表 where 学生成绩表. 学号 = '" & Tyhm & "' and 课程信息表. 课程名称 = 学生成绩表. 课程名称"
    Set rst = ExecuteSQL( strsql)
    Set DataGrid1. DataSource = rst
End Sub
```

代码分析：根据当前 Tyhm 来查询对应信息，如果 rst 记录数不为 0 则在 Label4 上显示其姓名，如果记录数为 0 则表示输入的学号不存在。对于已存在的学生，查询其成绩，注意 sql 语句中 where 后条件的表示，课程信息表中的课程名称与学生成绩中的课程名称相等这个条件不能缺，否则将会使同课程在不同的学期重复出现。

④ "查询"命令按钮代码：

```
Private Sub Cmdcx_Click( )
    Tyhm = txtxh              ' 文本框 txtxh 为当前用户
    Call cx                   ' 调用自定义过程
End Sub
```

⑤ 窗体的 Form_Unload 事件代码如下：

```
Private Sub Form_Unload( Cancel As Integer)
    Set DataGrid1. DataSource = Nothing
End Sub
```

代码分析：这里主要作用是释放资源，确保应用系统继续正确运行。

说明：对于此模块中的"成绩修改"，在此不再阐述，读者可根据任务要求结合任务八和任务九对数据库操作的知识点自行设计与实现。注意操作过程，成绩的修改主要也是针对具体的学生成绩而言的。

## 四、知识要点

**1. MSFlexGrid 控件**

（1）作用：MSFlexGrid 控件用来显示和操作表格数据。对包含字符串和图片的表格提供了灵活的排序、插入数据和格式编排功能。你可以在 MSFlexGrid 中的任何单元放置文本、图片或这二者。

（2）主要属性：

① Col 和 Row 属性：返回或设置活动单元的坐标（当前单元行、列）。

② Cols 和 Rows 属性：返回或设置 MSFlexGrid 中行或者列的总数。

③ Text 属性：返回或设置单元或者一群单元的文本内容。

④ ColWidth 属性和 RowHeight 属性：增大单元的宽度或行高度。

⑤ TextArray（ cellindex ）[ = string ]属性：该属性返回或设置任意单元的文本内容。

⑥ TextMatrix（ rowindex, colindex ）[ = string ]属性：该属性返回或设置任意单元的文本内容。本任务中 MSFlexGrid1. TextMatrix(j, 0) = rst1(0)。

（3）常用方法：

① AddItem 方法：

格式：AddItem "字符串"[ ,index]。

a. "字符串"：为必需的。可以用制表符（vbTab）来分隔每个字符串，从而将多个字符串（行中的多个列）添加进去。

b. Index：为可选项，Long 类型，它代表了控件中放置新增行的位置。对于第一行来说，index = 0。如果省略 index，那么新增行将成为最后一行。

② RemoveItem 方法：

RemoveItem index 方法，删除行号为 index 的一行。

要删除第一行，用 index = 0，但不能删除固定行。

③ Clear 方法：

清除 MSFlexGrid 的内容，包括所有文本、图片和单元格式。

④ Refresh 方法：

强制全部重绘一个窗体或控件。

⑤ SetFocus 方法：将焦点移至指定的控件或窗体。

**2. 数据的检索**

（1）用 select 子句检索记录：

select 子句是每一个检索数据的查询核心。它告诉数据库引擎返回什么字段。

select 子句的常见形式：

select *

该子句的意思是"返回在所指定的记录源中能找到的所有字段"。

（2）使用 from 子句指定记录源：

from 子句说明的是查询检索记录的记录源；该记录源可以是一个表或另一个存储查询。

例子：

select * from students 检索 students 表中的所有记录。

（3）用 where 子句说明条件：

where 子句告诉数据库引擎根据所提供的一个或多个条件限定其检索的记录。条件是一个表达式可具有真假两种判断。

例子：

select * from students where name = "影子"。

返回 students 中 name 字段为影子的列表。

注意：where 子句中的文本字符串界限符是双引号，在 vb 中因改为单引号，因为在 vb 中字符串的界定符是双引号。

补充：使用 and 和 or 逻辑可以将两个或更多的条件链接到一起以创建更高级的 where 子句。例子：

select * from students where name = "影子" and number > 100。

返回 name 为影子 number 大于 100 的列表。

例子：

select * from students where name = "影子" and( number > 100 or number < 50)。

返回 name 为影子，number 大于 100 或者小于 50 的列表。

（4）where 子句中用到的操作符：

操作符的功能：

＜ 小于、 ＜= 小于或等于 、 ＞大于 、 ＞=大于或等于 、 =等于 、 ＜＞不等于 、between 在某个取值范围内 、like 匹配某个模式 、in 包含在某个值列表中 。

例子：

① between 操作符：

select * from students where number between 1 and 100

between 操作符返回的是位于所说明的界限之内的所有记录值，这个例子就返回 number 字段 1 到 100 之间的全部记录。

② like 操作符和通配符：

select * from studentswhere name like"% 影% "

like 操作符把记录匹配到你说明的某个模式，这个例子是返回含"影"的任意字符串。

③ 四种通配符的含义

% ：代表零个或者多个任意字符；

_ （下划线）：代表一个任意字符；

[ ]：指定范围内的任意单个字符；

[^]不在指定范围内的任意单个字符。

全部示例如下：

like"br%"：返回以"br"开始的任意字符串。

like"%een"：返回以"een"结束的任意字符串。

like"%en%"：返回包含"en"的任意字符串。

like"_en"：返回以"en"结束的三个字符串。

like"[ck]%"：返回以"c"或者"k"开始的任意字符串。

like"[s-v]ing"：返回长为四个字符的字符串，结尾是"ing"，开始是从 s 到 v。

like"m[^c]%"：返回以"m"开始且第二个字符不是"c"的任意字符串。

（5）使用 order by 对结果排序：

order by 子句告诉数据库引擎对其检索的记录进行排序，可以对任何字段排序，或者对多个字段排序，并且可以以升序或降序进行排序。

在一个正式的 select 查询之后包含一个 order by 子句，后跟想排序的字段（可以有多个）便可以说明一个排序顺序。

例子：

select * from studentswhere name like"%影%" order by number

对返回的结果按 number 进行排序。

以降序排序，如要以降序排序，只需在排序的字段之后使用 desc 关键字。

例子：select * from students where name like"%影%" order by number desc

（6）使用 top 显示某个范围的第一个记录或最后一个记录。

使用 top 关键字可以只显示一个大记录前面或后面的少数几个记录。在查询中 top 关键字与排序子句一起把结果集限制为少数几个记录或按某个百分比显示整个结果记录集合中的一部分。

例子：

select top 3 * from students 返回 students 表中的前 3 条记录；

select top 10 percent * from students 返回 students 表中前面的10%个记录；

select top 3 * from students order by number desc 返回 students 表中 number 最大的（最后）的 3 条记录。

（7）用 as 对字段名进行别名化：

为什么在查询中对字段命以别名或重新命名，这样做的原因有两个：

① 所涉及的表的字段名很长，想使字段在结果集中更易处理一些。

② 创建的查询产生了某些计算或合计列，需要对之进行命名。

不管是什么原因对字段命以别名，在 select 中都可以容易地使用 as 子句做得。

例子：

select number as 学号 ，name as 姓名 from students

（8）合并查询：合并查询（ union query）用于合并具有相同字段结构的两个表的内容，如果想在一个结果集中显示多个记录源中的不相关的记录时十分有用。

例子：

select * from students union select * from students1

该查询结果集把 students 和 students1 中的记录合并到一个结果中，其输出就和原表归档之前一模一样。

注意：缺省情况下，合并查询不会返回重复记录(如果记录归档系统在把记录拷到归档表中后不将相应的记录删除，这时该功能就有用了)，可以加上 all 关键字而让合并查询显示重复记录。

例子：

select * from students union all select * from students1

该合并查询显示 students 表和 students1 表的内容时，没有对重复记录进行处理。

补充：union 运算符允许把两个或者多个查询结果合并到一个查询结果集中。如果比较 union 和 join 两个运算符，那么 union 运算符增加行的数量，而 join 运算符增加列的数量。使用 union 时应该注意，两个结果中的列的结构必须匹配，数据类型必须兼容等。

对于 union 运算符，有下列几点需要说明：

① 在默认情况下，union 运算符删除全部冗余行。如果使用 all 选项，那么冗余行不删除。

② 在 union 语句中的全部 select_list 必须有相同数量的列、兼容的数据类型并且按照同样的顺序出现。

③ 在结果集中，列名来自第一个 select 语句。

# 五、学生操作

根据仓库管理系统的功能设计，使用 ADO 编程知识及 VB 应用程序中过程的使用来替换 Data 控件和 ADO 控件完善前期任务。考核点：

(1) 对于多处共用的操作，能使用过程来实现；

(2) 使用 ADO 对象操作数据库的过程；

(3) ADO 对象模型是 Recordset 记录集的正确使用；

(4) 能使用 Select 语句实现不同要求的查询操作。

# 六、任务考核

任务考核见表9.1。

表9.1　任务考核表

| 序　号 | 考　核　点 | 分值 |
|---|---|---|
| 1 | ADO 对象及 ADO 编程方法的使用 | 2 分 |
| 2 | Select 语句的正确使用 | 2 分 |
| 3 | 用户界面设计效果 | 1 分 |
| 4 | 基础信息管理功能模块的整体效果 | 3 分 |
| 5 | 代码细节处理与功能完善 | 2 分 |

# 七、知识扩展

## 1. ListView 控件

ListView 控件可有四种不同的视图显示方法，跟"资源管理器"里的"查看"方式相似：

①无图标；②小图标；③列表；④报表式。使用哪种视图可由该控件的 view 属性设置控制。其中"报表"视图用来显示记录数据很适合。

listview 控件包括 listItem 对象和 ColumnHeader 对象。

listItem 对象看成数据行；ColumnHeader 对象看成列标题。

listItem 对象(行)有两部分：一部分是图标和简要描述的文本(第 1 列)；另一部分是前者的子项文本信息(第 2 列，第 3 列……)。

而 listItems 即是对 listItem 对象集合(所有行)的引用。

故此，listItems(1)　　　　　可以表示为第 1 行；

listitems(1). text　　　　　返回第 1 行第 1 列的文本值；

listitems(1). subItem(1)　　返回第 1 行第 2 列的文本值。

(1) 控件常用的属性：

view 属性：该属性有四个值可设定：1—小图标视图显示；2—列表；3—报表；0—无图标(默认)。

AllowColumnReorder 属性、设置为 . t. 时，用户可以用鼠标选中 1 列拖至其他地方进行重新排列。

Checkboxes 属性：设置为 . t. 时，每一行数据前将显示一复选框。

FlatScrollBar 属性：设置为 . f. 时，控件将显示滚动条。

FullRowSelect 属性：设置为 . t. 时，可以整行地选择数据。

GridLines 属性：设置为 . t. 时控件将显示网格线。(只作用于"报表"视图)。

HideColumnHeaders 属性：设置为 . f. 时，列标题可视，反之则不可视。

HotTracking 属性：设置为 . t. 时，鼠标所在行将以高亮度显示。

Icons，SmallIcons 属性：两者设置 listview 控件视图相关联的 ImageList 控件中的图片。Icons指明视图为大图标时的关联；SmallIcons 指明视图为小图标时的关联。

LabelWrap 属性：设置为 . t. 时，文本标签超出列宽时可换行。

SelectedItem 属性：返回对所选 ListItem 对象(行)的引用。

Sorted 属性：当值为 . t. 时，列表按字母排序。

Picture 属性：指定控件的背景图片，此属性在控件自带属性设置框里设置。

(2) 控件常用方法程序：

Add 方法：添加 listItem 对象(行)到控件中。

语法格式：控件 ListItems 集合 . add(index，key，text，icon，smallIcon)。

FindItem 方法：查找并返回对控件中 listItem 对象的引用。

语法格式：控件名 . FindItem(string，value，index，match)。

(3)ListView 的使用过程：

① 初始化：设置显示为报表视图　即 ListView1. View = 3。

② 添加和设置列标：

ListView1. ListItems. Clear

ListView1. ColumnHeaders. Add ，，"校友编号"

ListView1. ColumnHeaders. Add ，，"姓名"，1000

ListView1. ColumnHeaders. Add ，，"性别"，800

ListView1. hottracking = . t.　　　　&& 鼠标停留行高亮度显示

③ 将数据表添加到 listview 控件中显示：

ListView1. ListItems. Add i, , mrc(0)　　'添加 listItem 对象第 1 列图标和文本。

With lv1. ListItems(i)　　　　　　　'添加第 2,3... 列文本,字段为空时添加空值。

　　. SubItems(1) = mrc(1) & vbNullString

　　. SubItems(2) = mrc(2) & vbNullString

　　. SubItems(3) = mrc(5) & vbNullString

End With

④ 如何返回选定值：

ListView1. selectedItem. text　　　　'返回选定行第 1 列文本值

ListView1. selectedItem. index　　　　'返回选定行的位置

ListView1. listItems(x). subItems(y)　'返回第 x 行，第 y + 1 列文本值

⑤ 清除所有数据：

ListView1. listItems. clear

⑥ 清除选定行：

ListView1. listitems. remove(L1. selectedItem. index)

⑦ 返回所有行的总数：

ListView1. listitems. count

**2. MSHFlexGrid 控件**

MSHFlexGrid 控件可以对表格数据进行显示和操作，还可以对包含字符串和图片的表格进行分类、合并以及格式化，具有很大的灵活性。当绑定到 ADO Data 控件上时，MSHFlex-Grid 所显示的数据是只读的。简单地说 MSHFlexGrid 和 MSFlexGrid 之间的区别，主要是前者支持 ADO 的层次显示。如果你不使用 ADO 可以考虑 MSFlexGrid，否则建议使用 MSHFlex-Grid 。

（1）MSHFlexGrid 控件的基本应用：

单击"工程"→"部件"菜单项，在弹出的"部件"对话框中选择"Microsoft Hierarchical FlexGrid Conctrol 6. 0(SP4)(OLE DB)"列表项。然后单击"确定"按钮，即可将 MSHFlexGrid 控件添加到工具箱中。

（2）显示数据：如果用户使用 ADO Data 控件作为数据源，那么只设置 DataSource 属性为 ADO Data 控件( 如 Adodc1 )即可；如果用户使用数据环境作为数据源，那么除了设置 DataSource 属性作为数据环境( 如 DataEnvironment1 )外，还要设置 DataMember 属性为 Command 对象( 如 Command1 )。

（3）检索结构，显示数据字段：MSHFlexGrid 控件不能在其单元格中自动显示数据字段，因此需要通过鼠标右键单击 MSHFlexGrid 控件，在弹出的菜单中选择"检索结构"菜单项，以实现显示数据字段。

（4）调整 MSHFlexGrid 控件的"外观"：鼠标右键单击 MSHFlexGrid 控件，在"属性页"对话框中单击"通用"选项卡，如图 9. 6 所示。

在"通用"和"带区"选项卡中可以设置 MSHFlexGrid 控件的如下属性：

① 行、列：对应 MSHFlexGrid 控件的 Rows 和 Cols 属性，主要设置控件的行数和列数。

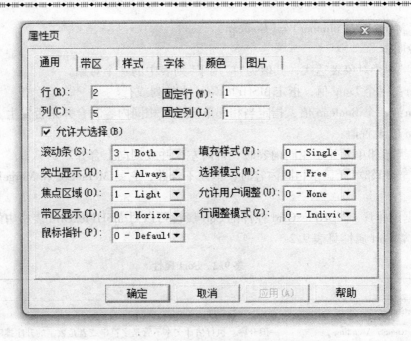

图 9.6　"属性页"对话框中的"通用"选项卡

② 固定行、固定列：决定 MSHFlexGrid 控件最上面有多少固定行和最左边有多少固定列。固定行上可以自动显示字段的名称。

③ 突出显示：决定选定的单元格是否在 MSHFlexGrid 控件中突出显示。有以下三种选择：

0——FlexHighlihgtNever 表明选定的单元格上没有突出显示。

1——FlexhighlightAlways 缺省设置值，表明选定的单元格突出显示。

2——FlexhighlightWithFocus 表示突出显示只有在控件有焦点时有效。

④ 网格线：决定在 MSHFlexGrid 控件绘制网格线的类型有以下四种选择：

0——FlexGridNone 在单元格之间没有线。

1——FlexGridFlat（缺省值）表明单元格之间的线样式被设置为正常的、平面的线。

2——FlexGridInset 表明单元线样式为格之间的凹入线。

3——FlexGridRaised 表明单元格之间的线样式为凸起线。

⑤文本样式：决定本带区中文本显示的风格共有五种选择：

0——FlexTextflat 文本正常，平面文本，这是缺省设置值。

1——FlexTextRaised 文本看起来凸起。

2——FlexTextInset 文本看起来凹起。

3——FlexTextRaisedlight 文本看起来轻微凹起。

4——FlexTextInsetlight 文本看起来轻微凸起。

（5）数据的合并与排序：

① 数据的合并：要将同一表中相同的数据进行合并，可以使用 MergeCol 属性和 MergeRow 属性。MergeCol 属性和 MergeRow 属性通过返回或设置一个值，决定哪些行和列可以把它们的内容合并。

语法：

Object. MergeCol( number) [ = Boolean ]

Object. MergeRow(number) = [Boolean]

参数说明：

Object：一个对象表达式，其值为"应用于"列表中的一个对象。

Number：一个 Long 值，指定 MSHFlexGrid 中的列或行。

Boolean：一个 Boolean 值，指定当相邻单元显示相同内容时合并是否发生。

Boolean 的设置值：

True：当相邻单元显示相同内容时，行向左合并或列向上合并。

False：当相邻单元显示相同内容时，单元不合并，它是 MergeCol 和 MergeRow 属性的缺省设置值。

② 数据的排序：MSHFlexGrid 控件的 Sort 属性可以对 MSHFlexGrid 表格中的数据进行多种排序操作。Sort 属性见表 9.2。

表 9.2　Sort 属性

| 值 | 常　　数 | 功　　能 |
|---|---|---|
| 0 | FlexSortNone | 无，不执行排序 |
| 1 | FlexSortGenericAscnding | 一般升序。执行估计文本不管是字符串或者是数字的升序排序 |
| 2 | FlexSortGenericDescending | 一般降序。执行估计文本不管是字符串或者是数字的降序排序 |
| 3 | FlexSortNumericAscending | 数值升序，执行将字符串转换为数值的升序排序 |
| 4 | FlexSortNumericDescending | 数值降序，执行将字符串转换为数值的降序排序 |
| 5 | FlexSortStringNocaseAsending | 字符串升序，执行不区分字符串大小写比较的升序排序 |
| 6 | FlexSortNoCaseDescending | 字符串降序，执行不区分字符串大小写比较的降序排序 |
| 7 | FlexSortStringAscending | 字符串升序，执行区分字符串大小写比较的升序排序 |
| 8 | FlexSortStringDescending | 字符串降序，执行区分字符串大小写比较的降序排序 |
| 9 | flexSortCustom | 自定义，使用 Compare 事件比较行 |

说明：MSHFlexGrid 控件的 Sort 属性值的功能是根据选定的条件对选择的行进行排序。这一属性在设计时不可用。

Sort 属性总是排序整个行。要指定排序的范围，须设置 Row 和 Rowsel 属性。如果 Row 和 Rowsel 属性值相同，MSHFlexGrid 将排序不固定行。

用于排序的关键字由 Col 和 Colsel 属性决定，排序总是在一个从左到右的方向上完成。例如，如果 Col = 3 且 Colsel = 1，排序将根据先是列 1 的内容，然后是列 2、列 3 的内容来进行。

用于行比较的方法由 Value 决定，如设置值中的解释。设置值 9(自定义)最灵活，但比其他设置慢。使用这一设置可以创建一个不可见列，用关键字填充，然后使用另一设置执行一个基于自定义的排序。这对基于日期的排序是一个好方法。

(6) 显示层次结构的数据：MSHFlexGrid 控件可以显示带有层次结构的记录集，使用户能更清晰地查看数据以及各个层次间的关系。

使用 MSHFlexGrid 控件显示层次结构数据有两种方法。

方法一：使用数据环境设计器建立层次结构记录集设置 MSHFlexGrid 控件的 Datasource 属性等于数据环境设计器建立的数据源对象(如 DataEnvironment)，并设置 Datamember 属性等于在 DataEnvironment 中建立的层次结构记录集 Command 对象。

方法二：使用形状命令 Shape 作为 ADO Data 控件的 Recordsource 属性，在代码中创建层次结构。

（7）隐藏某些行或列：隐藏 MSHFlexGrid 中的某些行或列，方法非常简单，只需设置某行的行高或某列的列宽为 0 就可以了。

例如，隐藏 MSHFlexGrid 表格的第 0 行，和第 5 列，代码如下：

MSHFlexGrid1. RowHeight（0）=0

MSHFlexGrid1. ColWidth（5）=0

# 任务十 数据维护

## 一、任务目标

**1. 功能目标**

实现对学生成绩管理系统数据库的备份、恢复以及数据表的导入、导出。

**2. 知识目标**

(1) 熟悉文件系统对象编辑的任务；

(2) 掌握文件系统对象的创建及其重要的属性和方法；

(3) 了解文件的相关操作。

**3. 技能目标**

(1) 能够熟练使用文件系统对象；

(2) 能够使用通用对话框控件实现"打开"、"恢复文件"对话框；

(3) 能够使用进度条控件来显示数据备份与恢复的进程。

## 二、任务分析

### 子任务一："数据备份"任务分析

创建如图 10.1 所示"数据备份"用户窗口，要求通过选择驱动器决定数据备份的驱动器，在选择文件夹后的目录列表框中选择相应的备份位置，在选择过程中在窗体下方的标签

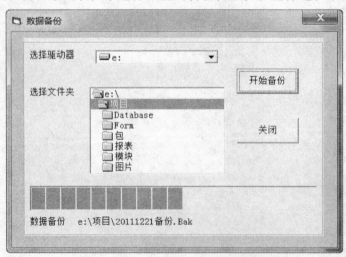

图 10.1 "数据备份"运行效果图

控件上显示文件备份的路径及文件名,文件名是系统当前日期,选择"开始备份"命令按钮,显示进度条提示,备份成功,给出提示对话框,备份结束,隐藏进度条。

根据功能要求,实现数据备份要求应解决以下问题:

(1)备份文件位置的选定;

(2)备份文件的命名(此系统是以当前的备份时间为备份文件命名);

(3)备份进度显示;

(4)如何实现备份;

## 子任务二:"数据恢复"任务分析

创建如图10.2所示"数据恢复"窗口,点击"打开"命令按钮,出现"打开"对话框。

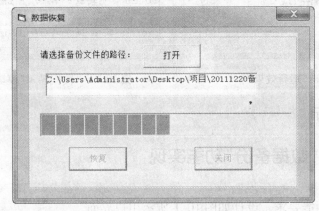

图10.2 "数据恢复"运行效果图

选择所要恢复的文件的路径,显示在文本框中,使用"恢复"命令按钮进行恢复操作,如果没选择备份文件,则给出相应的错误提示。恢复的操作执行时显示进度条,恢复结束提示"恢复结束"。

实现数据恢复功能需要解决的问题如下:

(1)"打开"对话框的设置;

(2)如何显示当前所选择的要恢复的文件;

(3)如何实现备份文件的恢复。

## 子任务三:"数据导出"任务分析

从数据表项中选择需要导出的数据,然后单击命令按钮"导出"弹出"保存"对话框,选择导出的路径和导出的文件的名字,如果导出的是"学生信息表",则选择"学生信息表"来导出,运行界面如图10.3所示。选择好要导出的数据表后,单击"导出"命令按钮,则会导出Excel文件。

实现数据导出需要解决的问题:如何将数据库中的数据表以Excel的形式导出。

## 子任务四:"数据导入"任务分析

根据提示从组合框中选择要导入的数据表名称,单击"导入"命令按钮,则在文本框中显示导入的文件,在DataGrid中显示导入的数据,效果如图10.4所示。

　　实现数据导入要解决的问题：如何将已存在的 EXCEL 文件导入到当前系统的数据库，对于已经存在的数据如何处理。

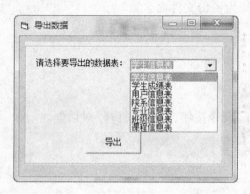

图 10.3　"数据导出"运行效果图

图 10.4　"数据导入"模块运行效果图

# 三、过程演示

## 子任务一："数据备份"功能实现

**1. 界面设置**

根据数据备份功能要求，设计如图 10.1 所示用户界面。

（1）添加一个窗体；

（2）添加 5 个标签控件 Label1 – Label4 用来显示提示性信息以及备份文件路径及文件名；

（3）添加一个驱动器列表框 ⬜ 用于设置或显示当前磁盘驱动器的名称；

（4）添加一个目录列表框 ⬜ 用来显示当前驱动器或指定驱动器上的目录结构；

（5）添加两个命令按钮 Command1 – Command2 执行备份相关操作；

（6）添加一个 ProgressBar 显示备份进度。

**2. 编写代码**

（1）窗体的 Form_Load( ) 事件：

设计思路：在 Form_Load( ) 中设置备份文件的路径及文件名，窗体装载时判断 Dirpath 最后一个字符是不是 "\"，决定备份文件名前是否需要加 "\"。Label4 是用来显示备份文件路径及文件名的，Label4. Caption 的值是当前目录的路径，文件名是当前时间加 "备份 . Bak"。

```
Private Sub Form_Load( )
  If Right( Dirpath. Path,1) = " \" Then
    Label4. Caption = Dirpath. Path & Format( Now," YYYYMMDD" )& " 备份 . bak"
  Else
    Label4. Caption = Dirpath. Path & " \" & Format( Now," YYYYMMDD" )& " 备份 . Bak"
  End If
End Sub
```

（2）驱动器列表框 Drvpath_Change( )事件代码：

```
Private Sub Drvpath_Change( )
    On Error GoTo Err
        Drvpath. Refresh
        Dirpath. Path = Drvpath. Drive
        Exit Sub
    Err:
        MsgBox Err. Description
        Drvpath. Drive = Dirpath. Path
End Sub
```

代码分析：当驱动器发生改变则目录路径改变，如果驱动器出错，则转支 Err：后面执行，并给出错误提示。

（3）目录列表框 Change( )事件代码：

设计思路：主要是对文件名的控制，类似于 Load( )事件代码。

（4）"开始备份"命令按钮代码：

设计思路：首先创建一个 FileSystemObject 对象。判断文件为 Label4. Caption 的文件是不是存在，如果文件存在给出相应的提示，如果不存在则"开始备份"，使用 FileCopy 进行文件备份，在备份时进度条显示，备份结束给出相应提示，并隐藏"进度条"的提示。在备份过程中如果出错，根据出错类型给出不同的处理。

```
Private Sub cmdBackup_Click( )
    Dim Fso As New FileSystemObject                    ' 创建 FSO 对象实例
    If Fso. FileExists( Label4. Caption) = True Then
        If MsgBox( "备份文件已存在,要替代它吗?", vbQuestion + vbYesNo, "备份") =
        vbNo Then
        Dirpath. SetFocus
        Exit Sub
        End If
    End If
    Fso. CopyFile App. Path & " \Database\dbscores. mdb", Label4. Caption
    ProgressBar1. Visible = True
    For i = 0 To 10000
        ProgressBar1. Value = i
    Next i
    ProgressBar1. Visible = False
    MsgBox "备份完毕!"
    Exit Sub
    Err:
    If Err. Number = 61 Then                           '61 磁盘已满
        MsgBox "磁盘空间不足,请清理磁盘文件后再备份!"
        Exit Sub
    End If
```

```
    If Err. Number = 91 Then                      ' 尚未设置对象变量或 With 区块变量
        MsgBox "由于错误而未完成备份!"
        Exit Sub
    End If
    MsgBox Err. Description & " ,未完成备份"
End Sub
```

（5）"关闭"命令按钮代码：

```
Private Sub Cmdclose_Click( )
    Unload Me
End Sub
```

## 子任务二："数据恢复"功能实现

### 1. 界面设计

根据任务要求，设计如图 10.2 所示用户界面，设计过程如下：

（1）添加"通用对话框"控件：在控件工具箱上右击选择"部件"命令，弹出"部件"对话框，选中如图 10.5 所示的"Microsoft CommonDialog Control 6.0"，最后单击"确定"按钮，则囯图标显示在工具箱上；

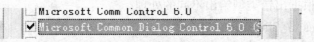

图 10.5 　"数据恢复"模块界面设计效果图

（2）添加一个 Frame 框架控件，主要用来界面布局；

（3）添加一个 TextBox 文本框，用来显示文件备份的路径，调整到合适大小；

（4）添加三个按钮，调整到合适的位置；

（5）添加对话框控件，双击通用对话框控件囯，在运行这个控件不可见，不用调整其位置；

（6）添加一个 ProgressBar 进度条控件，在恢复时使用。

### 2. 编写代码

```
Microsoft Excel 11.0 Object Library
```

（1）"打开"命令按钮代码

```
Private Sub CmdOpen_Click( )
    CD1. DialogTitle = "恢复文件"                  ' 对话框标题
    CD1. Filter = "备份数据文件 | *. Bak"          '"打开"的文件类型
    CD1. ShowOpen                                 ' 显示"打开"对话框命令
    Text1. Text = CD1. FileName                   ' 文本框用来显示打开文件的名称
End Sub
```

代码分析："打开"命令按钮先对话框的属性进行了设置，并且调用"打开"对话框，使得文本框的内容为打开的文件的名称。在这里显示"打开"对话框命令也可用通用对话框的属性 Action 来实现，具体代码为：CD1. Action = 1。

（2）"恢复"命令按钮代码：

设计思路：恢复操作是备份的反过程，关键代码如下：

```
Fso. CopyFile Text1. Text, App. Path & " \Database\dbscores. mdb"
```

代码分析："恢复"命令按钮的操作类似于"备份"操作，在此不多说明。

## 子任务三："数据导出"功能实现

### 1. 界面布局

设计如图 10.3 所示运行界面。

（1）添加一个窗体，一个窗体命名为 frmsjhf；

（2）添加一个 Frame 框架控件，用来布局美化窗体；

（3）添加一个组合框控件 Combo1，用来列出所有供选择的数据表；

（4）添加一个通用对话框控件，用来设置导出文件的路径；

（5）添加一个命令按钮，执行导出操作。

### 2. 代码编写

将数据表以 Excel 文件导出，首先通过菜单项"工程"→"引用"添加引用。

```
Microsoft Excel 11.0 Object Library
```

（1）窗体 Load( )事件：

设计思路：使用 Combo1 的 AddItem 方法将数据库中的表名全部添加到组合框中，如"学生信息表"的添加：

```
Combo1. AddItem "学生信息表"
```

代码说明：代码作用是添加可导出的数据表名项到组合框。

（2）"导出"命令按钮代码：

设计思路：将所选择的数据库中的数据表，以 Excel 文件形式导出，要完成此工作要进行如下操作：

① 需要先对进行一准备工作，依次"定义 Excel 程序"、"定义工作薄"以及"定义工作表"，然后再依次创建相应实例，共关键代码如下：

```
Dim xlsApp As Excel. Application                    '定义 Excel 程序
Dim xlsBook As Excel. Workbook                      '定义工作薄
Dim xlsSheet As Excel. Worksheet                    '定义工作表
Set xlsApp = CreateObject( "Excel. Application" )   '创建 Excel 应用程序
Set xlsBook = xlsApp. Workbooks. Add                '创建工作薄
Set xlsSheet = xlsBook. Worksheets(1)               '创建工作表
```

② 选择要导出的数据表，使用保存对话框对应的数据表，文件将以保存对话框中输入的名字命名。使用 For 语句先将数据库中的表的字段写入记录集，然后再使用循环将数据表中的记录写入工作表中。要求表以 Excel 的形式导出以后，直接以 Excel 的形式显示。关键代码：

```
Call OpenDb
rst. Open "select * from" & Combo1. Text, conn, 1, 1
On Error Resume Next                 ' Resume Next 返回到程序产生错误的下一条语句
```

```
CD1. ShowSave                                  '保存需导出的文件
a = CD1. FileName                              '设置导出的文件名为对话框中的输
                                                 入的文件名

CD1. CancelError = True
xlsBook. SaveAs a                              '保存指定的文件
For i = 1 To rst. Fields. Count
    xlsSheet. Cells(1,i) = rst. Fields(i-1). Name    '写入记录集表头
Next i
j = 2
Do Until rst. EOF
    For i = 1 To rst. Fields. Count
        xlsSheet. Cells(j,i) = rst. Fields(i-1)      '写入记录集 不包括表头
    Next i
    rst. MoveNext
    j = j + 1
Loop
xlsApp. Visible = True                         '显示电子表格
```

## 子任务四:"数据导入"功能实现

数据表内容的导入是数据表导出的反过程,一般在数据初始化的过程中,或是要大批量输入 Excel 数据的时候使用,将 Excel 数据写入数据库的表中。主要语句是将所有的字段与对应的 Excel 工作表单元对应,其中注意重复数据导入的处理等。

数据导入的关键代码如下:

```
rst("字段") = xlsSheet. Cells(i,1). Value
```

"导入"命令按钮如下:

```
Private Sub Cmddr_Click( )
    Dim count As Integer                       '用来记数,导入信息的个数
    CD1. ShowOpen
    Set xlsApp = New Excel. Application
    xlsApp. DisplayAlerts = False
    Text1. Text = CD1. FileName
    Call OpenDb
    If Text1. Text < > "" Then
        Set xlsBook = xlsApp. Workbooks. Open(Text1. Text)
        Set xlsimportsheet = xlsBook. Sheets(x + 1)
        Col = xlsimportsheet. UsedRange. Columns. count
        Row = xlsimportsheet. UsedRange. Rows. count
        If rst. State = 1 Then rst. Close
        rst. Open "select * from" & Combo1. Text,conn,1,3
        'Combo1. Text 为要导入的数据表的名称
```

```
        s = rst(0). Name                              's 为第一个字段的字段名
        For i = 2 To Row
            rst. Find (s & " =" & xlsimportsheet. Cells(i,1). Value & "")    ' 防止重复数据导入
            If Not rst. EOF Then
                MsgBox "该信息已存在!", vbOKOnly + vbExclamation,"提示"
                GoTo aa                                ' 如果信息已存在则跳转到 aa 后执行
            End If
            rst. AddNew
            count = count + 1
            For j = 1 ToCol
                rst(j - 1) = xlsimportsheet. Cells(i,j). Value
            Next j
            rst. Update                                ' 一条记录导入刷新 rst
aa:
        Next i
        rst. MoveFirst
        Set DataGrid1. DataSource = rst
        DataGrid1. Refresh
        xlsApp. Quit
        Set xlsBook = Nothing
        Set xlsimportsheet = Nothing
        Set xlsApp = Nothing
    Else
        MsgBox "没有选择导入的文件"
        Exit Sub
    End If
    MsgBox "共导入了" & count & "条信息"
End Sub
```

代码说明：进行相应的初始化后，查找要导入的信息是否已存在于相应的数据表中，如果存在则给出提示，否则再执行 rst. AddNew 添加记录，并记录添加个数的变量增 1。注意在使用过程中要注意导入表的格式与数据库中表的格式的判定，在本任务中将两者格式设置为一致的了。

## 四、知识要点

### 1. 文件系统对象(FSO)简介

FSO(File System Object)对象模型是 VB 的一个新功能，该模型提供了一个基于对象的工具来处理文件夹和文件。使用处理文件夹和文件除了使用传统的语句和命令之外，还可以使用属性、方法和事件的对象语法来实现。

FSO 对象模型编辑包括三项主要任务：

（1）使用 CreateObject 方法，或将一个变量声明为 FileSystemObject 对象类型，来创建一个 FileSystemObject 对象。

（2）对新创建的对象使用适当的方法。

（3）访问该对象的属性。

FSO 对象模型包含在一个称为 Scripting 的类型库中，此类型库位于 Scrrun. Dll 文件中。如果还没有引用此文件，从菜单项"工程"→"引用"命令，打开选择"引用"对话框，再选择如图 10.6 所示"Microsoft Scripting Runtime"项，然后就可以使用了"对象浏览器"来查看其对象、集合、属性、方法、事件以及它的常数。

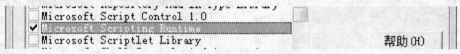

图 10.6　添加"引用"对话框

**2. 创建 FSO 对象**

（1）创建一个 FileSystemObject 对象。

有两种方法：

方法一：Dim fso as new FileSystemObject；

方法二：Set fso = Createobject（"Scripting. FileSystemObject"）。

Scripting 是类型库的名称，而 FileSystemObject 则是要创建一个实例对象的名字。本任务使用了方法一。如果使用方法二可以用下面的代码替换：

```
Dim fs
Set fs = CreateObject("scripting. filesystemobject")
If fs. FileExists(Label4. Caption) = True Then
    If MsgBox("备份文件已存在,要替代它吗?",vbQuestion + vbYesNo,"备份") =
        vbNo Then
    Dirpath. SetFocus
    Exit Sub
    End If
End If
    Label5. Visible = True    '显示"正在备份……"
    FileCopy App. Path & " \Database\dbscores. mdb",Label4. Caption        '进行备份
……
```

（2）使用 FileSystemObject 对象的方法。如果要创建一个文件夹新对象，可以使用 CreateFolder 方法；如果要创建一个文件新对象可以使用 CreateTextFile 方法（FSO 对象模型不支持创建或删除驱动器）。

如果要删除文件夹、文件对象，可以使用 FileSystemObject 对象的 DeleteFile 和 DeleteFolder 方法，或者 File 和 Folder 对象的 Delete 方法。

使用适当的方法，还可复制、移动文件和文件夹。

FileSystemObject 对象模型中有一些功能是冗余的。例如，要复制一个文件，既可以使用 FileSystemObject 对象的 CopyFile 方法，也可使用 File 对象的 Copy 方法。两者功能完全相同。

（3）访问已有驱动器、文件夹和文件。要访问已有的驱动器、文件或文件夹，可以使用 FileSystemObject 对象中相应的方法，如：GetDrive，GetFile 和 GetFolder。

例如：Dim fso as New FileSystemObject，fil As File

　　　　Set fil = fso. GetFile（"C：\test. txt"）

其实并不需要对新创建的对象使用 Get 方法，因为 Create 函数已经将一个句柄返回到了新创建的对象。

（4）对象的属性和方法。

① Drives 属性：该属性用于返回包含本地机器上所有可用 Drive 对象的 Drives 集合。

格式：object. Drives。

其中，object 总是一个 FileSystemObject。

对于可删除媒体驱动器来说，不需要插入媒体，就可使其出现在 Drive 集合中。

② CopyFile 方法：该方法用于把一个或多个文件从一个地方复制到另一个地方。

格式：object. CopyFile source, destination[, overwrite]。

CopyFile 方法的参数说明如下：

object：object 始终是一个 FileSystemObject 的名字；

source：指明一个或多个要被复制的文件名，它可以包括通配符；

destination：指明 source 中的一个或多个文件要被复制到的接受端的字符串；

overwrite：Boolean 值，它表示存在的文件是否被覆盖。

③ DriveExists 方法：该方法用于检查指定驱动器是否存在。如果指定的驱动器存在，返回 True，若不存在，则返回 False。

格式：object. DriveExists( drivespec )。

对于可删除介质的驱动器，即使没有介质存在，DriveExists 方法也返回 True。使用 Drive 对象的 IsReady 属性确定驱动器是否准备好。

④ FileExists 方法：该方法用于判断指定文件是否存在。如果指定的文件存在，返回 True，若不存在，则返回 False。

格式：object. FileExists( filespe )。

### 3. 文件系统控件

VB 包括三个文件系统控件，分别是驱动器列表框、目录列表框和文件列表框。利用这三个控件可以很方便地实现查看磁盘驱动器、目录主文件的功能。它们常常配合使用，以实现对相关文件的控制。

（1）驱动器列表框（DriveListBox）。驱动器列表框▭用于设置或显示当前磁盘驱动器的名称。该控件是一个下拉列表框，单击下拉箭头，会显示用户系统中所有有效磁盘驱动器的列表。

① 常用属性。Drive 属性：用来在程序运行时设置或返回选定的驱动器，只在运行阶段有效。

② 常用方法。Refresh 方法：用于刷新驱动器列表。

常用事件：

Change 事件：当驱动器列表框的 Drive 属性值发生变化时触发 Change 事件。

（2）目录列表框（DirListBox）。目录列表框▭用于显示当前驱动器或指定驱动器上的目录结构。显示时以根目录开头，各目录按子目录的层次结构依次缩进。运行时用鼠标双击某个目录，就能打开其下的子目录。

① 常用属性。Path 属性：用于设置或返回当前显示的工作目录的路径，包括驱动器名。该属性只在运行阶段有效。

常于驱动器列表框配合使用，以便在驱动器改变时，目录列表框的显示也跟着改变。实现的方法是在驱动器的 Change 事件中为目录列表框的 Path 属性赋值，过程如下：

```
Private Sub Drive1_Change( )
    Dir1. Path = Drive1. Drive
    Dir1. Refresh
End Sub
```

② 方法。Refresh 方法：用于刷新目录列表框。

③ 事件。Change 事件：当目录列表框的 Path 属性值发生变化时触发此事件。

**4. ProgressBar 控件**

（1）用途：ProgressBar 控件用一些方块从左到右来填充矩形，表示一个较长操作完成的进度。它有一个行程和一个当前位置，行程代表该操作的整个持续时间，当前位置表示该操作在此时刻完成的进度。

（2）属性：

① Max 属性：用于设置 Value 的最大值，默认值为 100。

② Min 属性：用于设置 Value 的最小值，默认值为 0。

③ LargeChange 属性：用于设置最大滚动增量。

④ SmallChange 属性：用于设置最小滚动增量。

⑤ Value 属性：用于返回对象的值。Value 值在 Max 和 Min 属性值之间。

⑥ Scrolling 属性：用于决定进度显示方式是连续的还是分段的。

**5. "打开" 对话框**

在 Windows 及其系列应用软件中，有许多对话框外观及其操作都很相似，如："打开"对话框、"另存为"对话框、"颜色"对话框、"字体"对话框、"打印"对话框等。实际上，VB 也提供了用来制作这些标准对话框的控件，这就是通用对话框控件(CommonDialog)。

CommonDialog 控件是 ActiveX 控件，在使用之前必须将其加入到控件工具箱中。方法前面已提到，就是在控件工具箱上右击选择"部件"命令，弹出"部件"对话框，选中"Microsoft CommonDialog Control6. 0"，最后单击"确定"按钮。

添加后可以像常用控件一样在窗体上使用通用对话框控件。由于该控件仅在设计时可见，在运行时是不可见的。因此，可以将其放置在窗体的任意位置上，而且大小也不需要（也不能）调整。

CommonDialog 控件的属性很多，其属性设置的方法可以在"属性"对话框中进行，也可以右击窗体上的控件选择"属性"命令，此时屏幕上会弹出"属性页"对话框如图 10.7，通过该对话框对其进行属性设置。

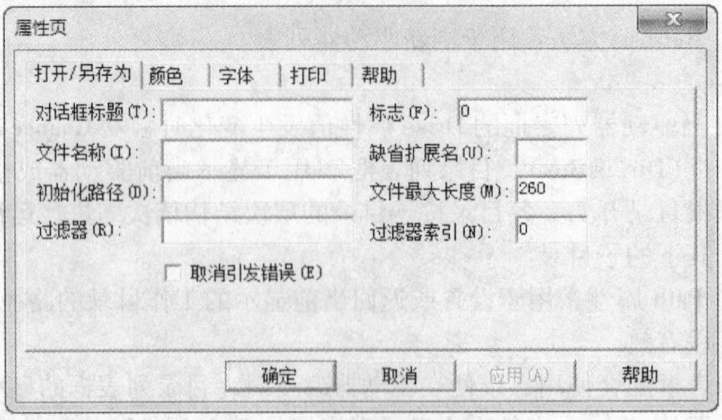

图 10.7　通用对话框"属性页"

在该对话框中有五个选项卡，每个选项卡代表着不同的对话框，它们有各自不同的属性，但有些属性是各个对话框所共有的，它们是：

（1）Action 属性：通过在代码中设置不同的 Action 值可以产生不同的对话框。如果没有设置该属性（默认值为0），运行时通用对话框不会产生任何信息，直到设置了该属性后才会出现相应的对话框。另外 VB 还提供了相应的方法来产生不同的对话框。Action 属性值，方法与对话框的对应关系见表10.1。

表 10.1　Action 属性值，方法与对话框的对应关系表

| Action 属性值 | 产生的对话框 | 对应的方法 |
| --- | --- | --- |
| 0 | 无 | |
| 1 | "打开"文件对话框 | ShowOpen |
| 2 | "另存为"对话框 | ShowSave |
| 3 | "颜色"对话框 | ShowColor |
| 4 | "字体"对话框 | ShowFont |
| 5 | "打印"对话框 | ShowPrint |
| 6 | "帮助"对话框 | ShowHelp |

★注意：使用该控件所产生的对话框仅提供了人－机信息交互的界面，并不能实现真正的操作（如打开、另存、打印等），要想实现这些具体的操作必须进行相应的编程。

（2）DialogTitle 属性：产生的对话框的标题文字，如不进行设置则会使用默认的标题。

（3）CancelError 属性：在每个所产生的对话框上都有"取消"按钮，该属性决定程序运行时，用户单击了"取消"按钮后是否会产生出错信息。该属性取 True 时，单击"取消"按钮会产生一个错误信息，同时自动将 Err 对象的 Number 属性值设置为32755。程序中可以通过代码来访问这个属性以判断是否按下了"取消"按钮，以决定程序的走向。如果该属性值置为 False（默认），则当单击"取消"按钮时，不会产生任何出错信息。

"打开"对话框：

"打开"对话框是当通用对话框的 Action 属性设置为 1 时的对话框。

"打开"对话框充分利用了操作系统的功能，它可以遍历整个的磁盘目录结构，找到所需要的文件，并以"列表"或"详细资料"的方式显示出来。"打开"对话框，除了一些基本的属性设置外，主要还有以下5个很重要属性。

① 文件名称（FileName 属性）：该属性值为字符串类型，用于设置或得到用户所选定的文件名。即当程序执行时，用户选定的某个文件名将显示在"文件名"文本框中，同时此文件名及相关路径将以字符串的形式赋值给 FileName 属性。

② 初始路径（InitDir 属性）：该属性用来指定"打开"对话框中的初始目录。默认设置显示当前目录。初始路径在设计时或代码编写中均可进行设置。例如：

Cd1. InitDir ="E:\教材" '将对话框的初始路径设为 E 盘"教材"文件夹。

③ 文件类型（Filter 属性）：

通过 Filter 属性在"打开"对话框中设置文件的类型。该属性的值是一个字符串，由一组或多组文件类型表达式构成，每组代表一类文件。构成规则是：类型说明字符串|类型通配表达式[|类型说明字符串|类型通配表达式]…。

类型说明字符串为对文件类型的说明，类型通配表达式表示需显示的文件类型，各组之间用"|"符号分开。例如需要在"打开"对话框的"文件类型"列表框中只显示 Word 文档（扩

展名为 doc)、和文本文件(txt),则 Filter 属性值应设置为:

Cd1. Filter =″Word 文档| *. doc| Excel 文档| *. xls|文本文件| *. txt″

④ 过滤器索引(FilterIndes 属性)

该属性用于表示用户在“文件类型”列表框中选定的文件类型的序号。例如对于

Cd1. Filter =″Word 文档| *. doc| Excel 文档| *. xls|文本文件| *. txt″

则 Word 文档的该属性值为 1,Excel 文档的该属性值为 2,文本文件的该属性值为 3。

说明:对话框的属性设置除了本例中使用的代码设置外,还可以在窗体上选择通用对话框控件,单击右键选择“属性”进入“属性页”设置,如图 10.8 所示。进行此设置后,运行结果如图 10.8 所示。

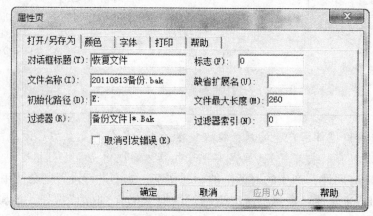

图 10.8   “恢复文件”通用对话框“属性页”设置图

## 五、学生操作

根据要求对仓库管理系统进行数据维护操作,实现数据的导入,数据的导出,以及数据的恢复与备份。考核点:

(1) 窗体设计中文件系统的控件的正确使用;

(2) 数据恢复、备份,导入和导出功能的中通用对话框的正确使用;

(3) 在功能实现中文件系统对象的使用。

## 六、任务考核

任务考核见表 10.2。

表 10.2   任务考核表

| 序 号 | 考 核 点 | 分 值 |
|---|---|---|
| 1 | 文件系统控件的重要属性及事件的正确使用 | 3分 |
| 2 | 通用对话框的正确使用 | 2分 |
| 3 | 文件系统对象的使用 | 2分 |
| 4 | 数据维护模块的整体效果 | 3分 |

## 七、知识扩展

### 1. 通用对话框

(1)“另存为”对话框。“另存为”对话框是当通用对话框的 Action 属性为 2 时的对话框,

如图 10.9 所示。

图 10.9  "另存为"对话框

"另存为"对话框为用户在存储文件时提供了一个标准界面，供用户选择或键入所要存入文件的路径及文件名。

"另存为"对话框所涉及的属性与"打开"对话框基本相同，只是多了一个 DefaultExt 属性，该属性用来表示所存文件的默认扩展名。

（2）"颜色"对话框。"颜色"对话框是当通用对话框的 Action 属性为 3 时的对话框，如图 10.10 所示。

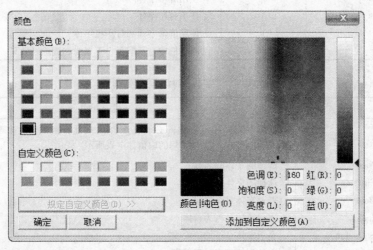

图 10.10  "颜色"对话框

"颜色"对话框中的调色板除了提供基本颜色外，还提供了自定义颜色，供用户调色。

对用户来说使用该对话框，可以获得非常直观的效果。

主要属性：

颜色（Color 属性）：该属性用于返回或设置选定的颜色。当用户在调色板中选中某种颜色时，该颜色值将赋给 Color 属性。

（3）"字体"对话框。"字体"对话框用来设置并返回所用字体的名字、字形、大小、效果及颜色。对于"字体"对话框必须先设置对话框的 Flags 属性，常用取值见表 10.3 所示，然后在程序中将通用对话框的 Action 属性设置为 4，或用 ShowFont 方法，则弹出"字体"对话框，如图 10.11 所示。"字体"对话框主要属性如表 10.4 所示。

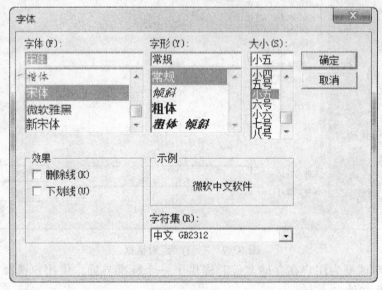

图 10.11    "字体"对话框

表 10.3    "字体"对话框中的 Flags 属性常用取值

| 符 号 常 数 | 值 | 说 明 |
| --- | --- | --- |
| cdlCFScreenFonts | 1 | 使用屏幕字体 |
| cdlCFPrinterFonts | 2 | 使用打印字体 |
| cdlCFBoth | 3 | 使用屏幕字体和打印机字体 |
| cdlCFEffects | 256 | 对话框中显示颜色、下划线和删除经效果 |

表 10.4    "字体"对话框主要属性

| | 属 性 项 | 说 明 |
| --- | --- | --- |
| 1 | Flags | 显示"字体"对话框之前必须设置 Flags 属性，否则会发生不存在字体的错误。Flags 属性值有很多，常用的取值如上表所示 |
| 2 | FontName | 选择的字体的名称 |
| 3 | FontSize | 选择的字体的大小 |
| 4 | FontBold | 表示字体是否加粗 |
| 5 | FontItalic | 表示字体是否为斜体 |
| 6 | FontStrikethru | 表示字体是否加删除线 |
| 7 | FontUnderline | 表示字体是否加下划线 |
| 8 | Max、Min | 设置对话框中"大小"列表框的字号最大值和最小值 |

说明：如果要同时使用 Flags 的多个属性值，可以把相应的值相加，或者用"or"连接。例如，要想使用屏幕字体和打印机字体，又想使用颜色、下划线和删除线的效果，Flags 的值可以设置为 259（即 3 + 256）或 3 or 256。

（4）"打印"对话框。"打印"对话框用来提供一个标准打印对话窗口，在程序中将通用对话框的 Action 属性设置为5，或用 ShowPrinter 方法，则弹出"打印"对话框。"打印"对话框并不能处理打印工作，仅是一个供用户选择打印参数的界面。"打印"对话框提供的属性有：

① 复制属性（Copies）。该属性用于指定打印的份数。

② 起始页（FronmPage）属性和 终止页（ToPage 属性）。这两个属性用于指定打印的起始页及终止页号。

③ 代码编写。

④ 运行程序。运行程序后首先出现如图 10.12 所示界面，在文本框中输入字符，点击"字体"出现图 10.12 所示的"字体"对话框，进行相应设置，点击"打印"出现如图所示"打印"对话框。

图 10.12　打印对话框

（5）"帮助"对话框。"帮助"对话框为用户提供在线帮助，在程序中将通用对话框的 Action 属性设置为6，或用 ShowHelp 方法，则弹出"帮助"对话框。对于帮助对话框，在使用之前，必须先设置对话框的 HelpFile（帮助文件的名称和位置）属性，将 HelpCommand（请求联机帮助的类型）属性设置为一个常数，以告诉对话框要提供何种类型的帮助，读者可以参考 VB 有关资料，得到进一步说明。

**2. 文件相关知识及操作**

（1）文件分类：

① 顺序文件：顺序文件是普通的文本文件。顺序文件中的记录按顺序一个接一个地排列存放，而且只提供一个记录的存储位置，其他记录的位置无法获悉。读写顺序文件存取记录时，都必须按记录顺序逐个进行。要在顺序文件中找一个记录，必须从第一个记录开始读取，直到找到该记录为止。例如，要在文件中读取第 100 条记录，必须先读出前 99 条记录才能找到第 100 条记录。

顺序文件的优点：文件结构简单，容易使用。

　　顺序文件的缺点：如果需要修改数据，必须将所有数据读入计算机内再进行修改，然后再将修改好的数据重新写入磁盘。

　　② 随机文件：随机文件是可以按任意次序读写的文件，其中每个记录的长度必须相同。在这种文件结构中，每个记录都有惟一的一个记录号，所以在读取数据时，只要知道记录号便可以直接读取记录。随机文件数据是作为二进制信息存储的。

　　随机文件的优点：存取数据快，更新容易。

　　随机文件的缺点：所占空间较大，程序设计较繁琐。

　　③ 二进制文件：二进制文件是字节的集合，直接把二进制码存放在文件中。除了没有数据类型或记录长度的含义以外，它与随机访问很相似。二进制访问模式以字节数来定位数据，在程序中可以按任何方式组织和访问数据，对文件中各字节直接进行存取，因此这类文件的灵活性最大，但程序的工作量最大。

　　（2）顺序文件：

　　① 读顺序文件：要读出一个顺序文件的内容，首先必须打开该文件，然后进行内容的读取，在操作完成后还必须及时关闭打开的文件。

　　a. 打开顺序文件读取内容。

　　在 VB 中，使用 Open 语句打开要操作的文件，其使用格式如下：

　　Open PathName For Input As #filenumber［Len = buffersize］

　　其中：

　　PathName：为一个字符串值，用于指明要打开的文件的路径及文件名。

　　Filenumber：有效的文件号。

　　Len：指定缓区的大小。

　　b. 读顺序文件。使用 Open 语句打开一个顺序文件后，就可以使用 Line Input #语句、Input #语句或 Input 函数来读取文件中的内容。

　　Line Input #语句：

　　Line Input #语法格式：Line Input #filenumber，varname。

　　Line Input #语句作用：从以文件号 Filenumber 代表的顺序文件中读取一行数据，直到遇到回车符（chr(13)）或回车换行符（chr(13) + chr(10)）（读取的数据中不包括回车符及换行符），并将读取的这行数据赋予字符串变量 varnam。

　　Input #语句：

　　Input #语法格式：Input # filename，varlist。

　　Input #语句作用：调用该语句，将从已打开的顺序文件中读取数据并指定给变量，Varlist 为用逗号分隔的变量列表。

　　Input 函数：

　　Input 函数语法格式：Input (number，［#］filenumber)。

　　Input 函数作用：调用该函数可从文件中读取指定数据的字符，参数 number 用于指定要赢取的字符个数。

　　c. 关闭顺序文件：

　　关闭顺序文件格式如下：关闭文件语法格式：Close #［filenumber］，#［filenumber］……。

　　② 写顺序文件：

　　a. 打开（或创建）顺序文件供写入内容。

打开或创建顺序文件供写入内容的 Open 语句有以下两种格式：

格式一：

Open pathname For output　As # filename［Len = buffersize］

功能：打开一个文件，且只能向该文件中写入数据。

格式二：

Open pathname For Append As # filename［Len = buffersize］

功能：打开一个文件，可以向文件尾追加记录。

注意：在这两种格式的 Open 语句中，如果要打开的文件事先不存在，系统将先创建一个文件，然后打开它供用户写入数据。

b. 写顺序文件。要想顺序文件中写入（存储）内容，应先以 Output 或 Append 方式打开它，然后使用 Print #语句或者 Write#语句将数据写入文件。

Print #语句：

Print #语法格式：Print # filenumber，［outputlist］。

Writ #语句：

Write #语法格式：Write # filenumber，［outputlist］。

其中：filenumber 为文件号，outputlist 为输出列表。

说明：

Write #语句的功能与 Print # 语句基本相同，主要区别：

Write #语句在条输出项之前自动插入逗号。

Write #语句为字符串两侧加双引号。

例如：Write #1，"Write # 语句示例"　　　结果为："Write # 语句示例"

　　　　Write #1，"星期天"，"星期一"　　　结果为："星期天"，"星期一"

c. 关闭顺序文件。与读顺序文件一样，写顺序文件也必须经过三个步骤：打开、写入、关闭。顺序文件的关闭语法格式与读顺序文件中关闭文件的格式相同。

（3）随机文件：

随机文件具有一些特点，以定长记录为单位；打开文件后既可以读也可以写，可以通过记录号直接访问文件中的任一个记录。

① 定义记录类型。由于随机文件往往以定长记录为单位，因此在打开一个随机文件进行读写操作以前，应该先定义一个记录类型，用于对文件进行读写。如：

Type Student

Id as String * 8

Name as String * 10

Sex as String * 2

Age as integer

End Type

如果记录不是定义在一个模块文件中，而是定义在一个窗体文件中，必须在第一个 Type 之前加上关键字 Private，如果省略不写，则默认为 Public。

记录类型定义后，还需要定义用来读写随机文件的记录类型变量。下面是定义一个 Student 类型变量的语句：

Public Stu1 as Student

② 打开及关闭随机文件：

a. 打开随机文件。打开随机文件仍需要调用 Open 语句，但格式与顺序文件的不一样：

Open pathname For Random [ Access access ] as # filename [ Len = reclength ]

其中：

access 参数指定文件的读取方式，有三种选择：Read( 只能从打开的文件中读取数据)、Write( 只能向打开的文件写入数据)及 Read Write( 既或以向打开的文件写入数据，也可以读出数据，此为默认值)。

Len 参数指定每个记录的长度。

b. 关闭随机文件。关闭随机文件与关闭顺序文件相同，仍然调用 Close 语句，如 Close # 1。

③ 随机文件的读写：

a. 写随机文件。使用 Put 语句写随机文件，Put 语句的语法格式如下：

Put # filenumber,[ recnumber ],varname

其中：

Filenumber 为已经打开的随机文件的文件号。

Recnumber 为可选参数，代表一个指定要读写的记录的记录号，如果该参数默认，则对上一次读或写记录的操作后的下一个记录进行操作。第一个记录的记录号为 1。

Varname 代表一个用于读或写数据的变量名。

b. 读随机文件。使用 Get 语句读随机文件，Get 语句的语法格式如下：

Get # filenumber,[ recnumber ],varname

如果要修改随机文件中的某条记录的内容，可以先用 Get 语句将要修改的记录的内容读到变量中，然后修改变量的值，最后再用 Put 语句将该变量的值写入到文件中该记录所处的位置。

# 任务十一　数据统计报表

## 一、任务目标

**1. 功能目标**

设计学生成绩管理系统的学生信息统计、班级成绩统计表等各种报表。

**2. 知识目标**

（1）了解使用数据报表设计器设计报表的方法。

（2）掌握不同类型报表的设计、导出及打印。

**3. 技能目标**

掌握 VB 数据报表的设计。

## 二、任务分析

### 子任务一："学生信息统计表"任务分析

设计如图 11.1 所示的"学生信息表"，实现此报表需要解决如下问题：

（1）如何创建报表；

（2）如何将报表与数据库连接；

（3）如何设计报表页面；

（4）如何在报表中显示当前时间以及对某项数据的求和、求平均等操作。

图 11.1　"学生信息表"统计图

### 子任务二："学生成绩单报表"任务分析

给每个同学打印成绩单，效果如图 11.2 所示。任务分析：学生成绩报表的制作涉及多个表中的多个字段，而且要针对不同的学生进行分类。

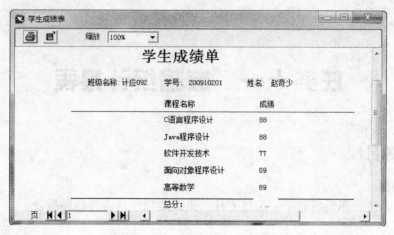

图 11.2　学生成绩单

## 三、演示过程

## 子任务一："学生信息统计表"实现

### 1. 创建数据环境

在数据环境设计器中创建数据环境，步骤如下：

（1）选择菜单项"工程"→"添加 Data Environment"向工程中添加一个环境设计器，显示如图 11.3 所示。

工程资源管理器下面多了一个"设计器"　DataEnvironment1 (DataEnvironment1)。

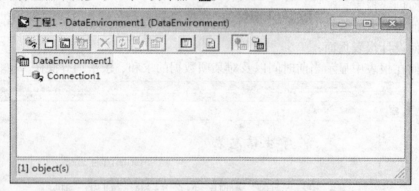

图 11.3　数据环境设计器窗口

（2）选中设计器上"Connection1"单击鼠标右键，选择"属性"，出现"数据链接属性"，选择"Microsoft Jet 4.0 OLE DB Provider"。

（3）单击"下一步"按钮进入"连接"选项卡，单击第一个文本框旁边的省略按钮 。选择数据源（注意，操作成功后要改成相对路径），单击"确定"关闭对话框。

（4）右键单击"Connection1"图标，然后在弹出的快捷菜单上选择"添加命令（O）"选择，则显示" Command1"。

（5）右键单击"Command1"选择"属性"命令，进入"Command1 属性"对话框，进行如图 11.4 所示的设置，单击"确定"命令按钮关闭 Command1 属性设置对话框。

（6）选择 Command1 右击，重命名为"Cmdxsxx"，结果如图 11.5 所示。

图 11.4　"Command1 属性"对话框　　　　　　图 11.5　展开命令对象图

### 2. 创建数据报表

创建数据环境后，就可以创建一个数据报表。步骤如下：

（1）选择菜单项"工程"→"添加 Data Report"，VB 将把它添加到工程中，属性 Name 值改为Dptxsxx。

（2）设置报表"Dptxsxx"的"DataSource"属性值为 "DataEnvironment1"、"Datamember"属性值为"Cmdxsxx"。

（3）选中"DataEnvironment1"上的"Cmdxsxx"拖动到报表界面的"细节"部分，释放鼠标，调整字段间垂直间距，运行结果如图 11.6 所示。

（4）根据要求对报表进行调整并美化。

（5）选中"报表表头"单击右键，选择"插入控件"→ "标签"设置标签属性如图所示，具体方法同窗体标签属性设置。

（6）选中"页标头"中的"插入控件"，分别插入"当前日期"、"当前时间"和"线条(N)"。调整到图示位置。

（7）将"学号、姓名"等标签分别从细节部分拖直页标头，调整位置，效果如图 11.7 所示。

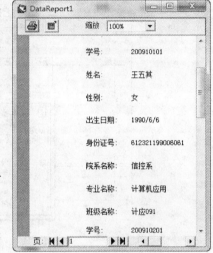

图 11.6　报表示例

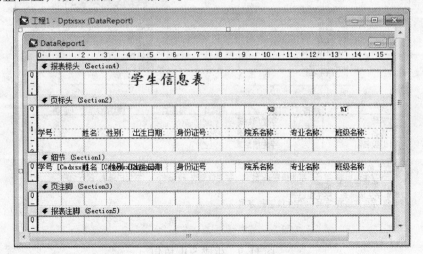

图 11.7　报表设计布局图

## 子任务二："学生成绩报表"实现

如同子任务一在工程的"DataEnvironment（DataEnvironment）窗口"选择"Connection1"单击右键选择"添加命令（O）"操作，对出现的"Command1"进行属性设置，进入"Command1"属性窗口，选择"SQL 生成器（B）"出现如图所示 11.8 窗口，将设计报表所需要的数据表，从"数据视图"中选中拖至"设计：Command1"下面空白处。此例选择了"学生信息表"和"学生成绩表"，选中每个数据表需要显示的字段，设计两个数据表关联字段，则自动生成如图11.9 所示 Select 语句。设计结束后关闭窗口，则提示"保存更改到查询 Command1"，选择"是"。

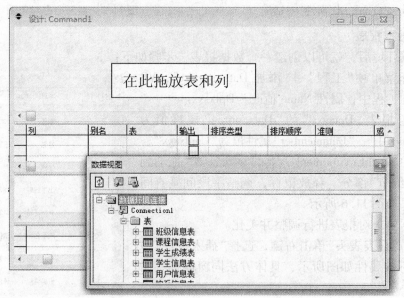

图 11.8　SQL 生成器窗口

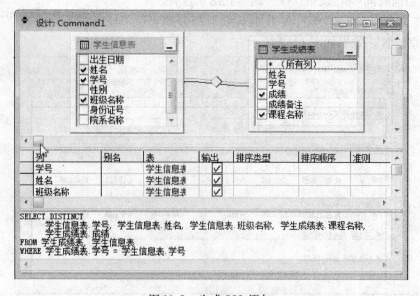

图 11.9　生成 SQL 语句

选中"分组命令对象(G)"，将"命令中的字段""班级名称"、"学号"和"姓名"添加至"用于分组的字段(R)"，结果如下图 11.10 所示。

选择菜单项"工程"→"添加 Data Report"，设置 DataReport 的 DataSource 属性为"DataEnvironment1"，DataMember 属性为"Command1_分组"，设置结果如图 11.11 所示。报表用户界面设计如图 11.12 所示。

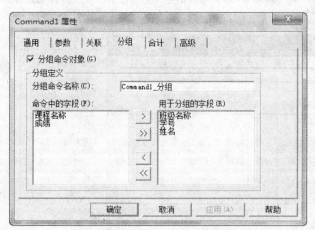

图 11.10　Command1 属性"分组"选项卡　　　　图 11.11　Command1 属性"分组"选项卡

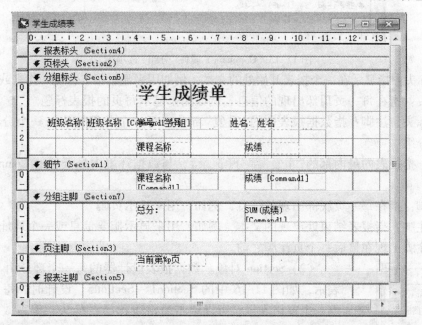

图 11.12　学生成绩报表设计

## 四、知识要点

### 1. 数据报表设计器

对一个完整的数据库应用程序来说，制作并打印报表是不可缺少的环节。VB6.0 提供了 DataReport 对象作为数据报表设计器(DamReport designer)，DataReport 对象除了具有强大的功能外，还提供了简单易操作的界面。

　　DataReport 对象可以从任何数据源包括数据环境创建报表，数据报表设计器可以联机查看、打印格式化报表或将其导出到正文或 HTML 页中。

　　（1）DataReport 对象。DataReport 对象与 VB 的窗体相似，同时具有一个可视的设计器和一个代码模块，可以 使用设计器创建报表的布局，也可以在代码模块中添加代码。

　　在"工程"菜单上，单击"添加 DataReport"命令，将数据报表设计器添加到工程中，则出现如图 11.13 所示的 DataReport1 对象，由"报表标头"、"页标头"、"细节"、"页注脚"和"报表注脚"组成。

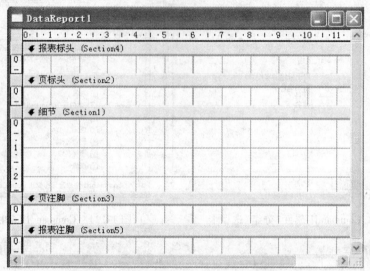

图 11.13　Command1 属性"分组"选项卡

　　报表标头：指显示在一个报表开始处的文本，例如用来显示报表标题、作者或数据库名。

　　页标头：指在每一页顶部出现的信息，例如用来显示每页的报表标题。

　　分组标头、注脚：指数据报表中的"重复"部分。每一个分组标头与一个分组注脚相匹配，用于分组。

　　细节：指报表的最内部的"重复"部分（记录），与数据环境中最低层的 Command 子对象相关联。

　　页注脚：指在每一页底部出现的信息，例如，用来显示页码。

　　报表注脚：指报表结束处出现的文本，例如，用来显示摘要信息或一个地址或联系人姓名。报表注脚出现在最后一个页注脚之前。

图 11.14　数据库控件

　　（2）Section 对象。数据报表设计器的每一个部分由 Section 对象表示，如图 11.16 中的 Section1 ~ Section5。设计时，每一个 Section 由一个窗格表示，可以单击窗格以选择页标头，编程改变其外观和行为，也可以在窗格中放置和定位控件，对 Section 对象及其属性进行动态重新配置，更改每一个 Section 对象的布局来设计报表。

　　（3）DataReport 控件。当一个新的数据报表设计器被添加到工程时，在窗体上控件箱出现"数据报表"和"General"（通用）选项卡，如图 11.14 所示。但在数据报表设计器上不能使用 General 的控件，即内部控件或 ActiveX 控件。数据报表选项卡中的控件仅包含可在数据报表设计器上工作的特殊控件。

数据报表选项卡有下列控件：

TextBox 控件（RptTextBox）：文本框用于在报表上设置规定文本格式，或指定一个 DataFormato。

Label 控件（RptLabel）：用于在报表上放置标签、标识字段或 Section。

Image 控件（RptImage）：用于在报表上放置图形，该控件不能被绑定到数据字段。

Line 控件（RptLine）：用于在报表上绘制直线，可用于进一步区分 Section。

Shape 控件（RptShape）：用于在报表上放置矩形、三角形或圆形（椭圆型）。

Function 控件（RptFunction）：是一个特殊的文本框，用于在报表生成时计算数值。Function 控件不像 TextBox 控件那样直接绑定到记录集上。

**2. 设计报表**

（1）指定数据源。首先配置一个数据源，可以用数据环境（DamEnvironment）作数据源。

① 在"工程"菜单上，单击"添加 Data Environment"，向工程中添加一个数据环境设计器对象。

② 设置"连接"属性。

③ 在快捷菜单中选择"添加子命令"。

（2）添加"Data Report"，设置其"DataScoure"和"Datamember"属性。

（3）设计报表显示，细节及美化。

## 五、学生操作

在仓库管理信息系统中，根据查询条件，利用 Visual Basic 提供的数据报表设计器生成入库报表、出库报表、厂家信息统计表等，并能打印报表。考核点：

（1）在应用程序中添加数据环境和数据报表设计器，并能正确设置其重要属性；

（2）使用报表设计器对报表布局的设计；

（3）关联数据表的报表设计。

## 六、任务考核

任务考核见表 11.1。

**表 11.1 任务考核表**

| 序　号 | 考　核　点 | 分　值 |
| --- | --- | --- |
| 1 | 报表设计器的正确使用 | 2分 |
| 2 | 报表设计中报表控件的正确运用 | 2分 |
| 3 | 数据表之间关联设置 | 2分 |
| 4 | 统计报表设计的整体效果 | 3分 |

## 七、知识扩展

**1. 动态报表**

以学生成绩单的打印为例，动态打印单个学生的成绩单，以"成绩管理"模块下的"学生成绩查询"为例，运行过程如下：在学生成绩查询窗口如图 11.15 输入要查询的学生学号，点击"查询"命令按钮，查询结果就显示在数据表中，再选择"成绩打印"将出现如图 11.16 所示报表。

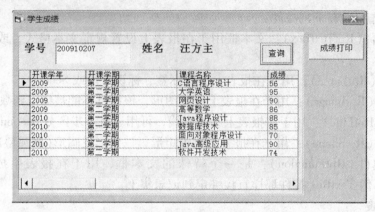

图 11.15　"学生成绩查询窗口"

图 11.16　动态报表打印效果图

　　这里涉及查询和打印(即对指定的内容先查询出来,然后再以报表的形式打印)。任务成绩管理中的学生查询以基础进行以下操作,即可实现动态打印。使用菜单项"工程"→"添加"Data Report"将其 Name 属性更改为"Dptscore",设计如图 11.17 所示的报表界面。为了方便操作,在"页标头"部分放置四个标签分别用来设置"开课学年"、"开课学期"、"课程名称"和"成绩",在"细节"部分放置四个文本框用来设置数据字段。在"报表标头"部分放置学生姓名。

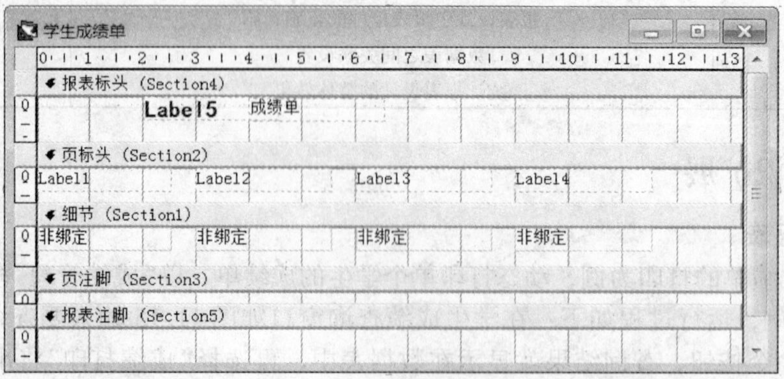

图 11.17　动态报表设计图

```
Private Sub CmdReport_Click( )
    Dim rs As ADODB. Recordset
    Dim rep As Object              '
    Dim i As Integer
    Set rep = Dptscore        'rep 要打开的报表为 Dptscore
    With rep
      Set rs = DataGrid1. DataSource
      Set. DataSource = rs          ' 报表的数据为 rs
      . Sections("section4"). Controls("Label" & 5). Caption = Label4. Caption
      ' 报表标头中 Label5 用来显示当前窗口查询的学生的姓名
      For i = 1 To rs. Fields. count
      . Sections("section2"). Controls("Label" & i). Caption = rs(i - 1). Name
      ' 报表"页标头"中的 label 用来显示查询出来的数据表字段名
      . Sections("section1"). Controls("text" & i). DataField = rs(i - 1). Name
      ' 报表"细节"部分数据绑定
      Next
      . Show
      End With
      Set rs = Nothing
End Sub
```

代码分析：把 rep 定义为 Object 而不是 DataReport，是因为设计的报表有 Show 方法，而定义的报表类型变量却没有，所以这里变通了一下，把 rep 定义为 Object 就没有这个问题了。rep = Dptscore 是确定把要打开的报表放在 rep 变量中。报表要能显示数据，重要的是给它的 DataScorce 进行赋值，即 set rep. DataSource = rs，而 rs 里面保存的就是刚刚查询出来的内容。接下来为报表的标头标签设置文本（Caption），为"细节"区内的文本框设置数据字段（DataField）。报表提供了 Sections 节对象集，引用某个节可以通过节的名称来访问：例如要访问节名为 section2 的节，可以这样访问：Sections（"section2"）. Visual Basic 还提供了 Controls 对象，里面保存了每个节里的所有控件，可以通过 Controls（控件名）来访问节里的每个控件。记录集的 Fields 属性保存着记录集字段的名称，但有一点要特别注意，由于记录集可以看成一个二维数组，所以如果按下标法来访问字段时，第一个元素的下标应该为 0，所以才会有 rs(i - 1). name。因为在设计时已经提醒过，页头的标签名称最后一个数据是从 1 开始递增，"细节"区的文本框也是如此，所以这时的编程才会很方便。有了数据以后，就可以用报表的 Show 方法将报表显示出来。

补充：当然，也可以实现完全的动态报表，也就是报表头可以动态添加，"细节"区的文本框也可以动态的添加。不过由于字段多少不等，所以布局是一个比较繁琐的工作。有兴趣的读者可以对上述代码进行改进。

**2. 数据报表设计补充**

（1）数据报表中日期、时间、标题和页号添加。数据报表设计器包含几个预先配置的控件，可以利用它们在报表的任何部分添加日期、时间、标题和页号。

　　可以通过向页表头或页注脚添加适当的 Label 控件，来将表头和注脚数据添加到数据表的每一页。Label 控件的 Caption 属性表示的含义如下所示。

　　% p：显示当前页码，这里是小写 p；

　　% P：显示报表包含的全部页数，这里是大写 P；

　　% d：显示当前日期（短格式）；

　　% D：显示当前日期（长格式）；

　　% t：显示当前时间（短格式）；

　　% T：显示当前时间（长格式）；

　　% I：显示报表标题。

　　当要实现这些功能时，可以通过在选定区域如页注脚处，单击右键从弹出菜单中选择"插入控件"子菜单，再选择"当前页数"，即可在页注脚处插入当前页数；也可以在页注脚处添加 Label 控件，并将其 Caption 属性设为"第% p 页"，在报表中将会显示"第 1 页"、"第 2 页"等。注意当要显示百分页面，则使用%。

　　（2）数据报表中数据的统计分析。在数据报表中通常要对数据进行合计，平均等统计处理。这些值在报表生成时就被计算出来了。在数据报表设计器的控件箱中，提供的 Function 控件可以使用各种内置函数，在报表生成时显示运行计算结果，一般放置在注脚部分。

　　Function 控件仅在分组内的所有记录都被处理后，才可以计算值。SQL 语句则可以在记录处理时作为一个计算字段。因此，Function 控件只能被放置在比所计算数据层次高一级的部分中。例如，被放置在报表注脚中，此时 Function 控件的计算范围扩大到整个报表。Function 控件包含的函数如下所示。

　　Sum：合计一个字段的值；

　　Min：显示一个字段的最小值；

　　Max：显示一个字段的最大值；

　　Average：显示一个字段的平均值；

　　Standard Deviation：显示一列数字的标准偏差；

　　Standard Error：显示一列数字的标准错误；

　　Value Count：显示包含非空值的字段数；

　　Row Count：显示一个报表部分中的行数。

　　向数据报表设计器添加一个 Function 控件的步骤：

　　① 在数据报表设计器的一个适当的注脚部分绘制一个 Function 控件。

　　② 设置 DataMember 和 DataField 属性为来自数据环境 Command 对象的一个数值字段。

　　（3）报表打印控制。对于制作的报表经常需要打印出来。打印一个数据报表可以使用两种方法，使用"打印"按钮或者使用 PrintReport 方法编程打印。

　　① 使用"打印"按钮。当使用 Show 方法进行"打印预览"时，单击工具栏中的"打印"按钮，则出现"打印"对话框，然后进行打印设置。

　　② 使用 PrintReport 方法。PrintReport 方法用于在运行时打印用数据报表设计器创建的数据报表。使用 PrintReport 方法编程打印可以显示"打印"对话框，也可以不显示"打印"对话框。

　　语法：

　　对象 . PrintReport（是否显示"打印"对话框，页面范围，起始页，终止页）。

　　其中，页面范围 0—rptRangeAllPages（默认），指所有页面；1—rptRangeFromTo 为指定

范围的页面。

a. 显示"打印"对话框。将一个"打印"按钮（cmdPrint）添加到"form1"中。在 cmdPrint 的 Click 事件中代码如下：

```
Private Sub cmdPrint_Click( )
    rptBook. PrintReportTrue
End Sub
```

在运行时单击此按钮，则出现如图 11.18 所示的打印对话框。在"打印"对话框中用户可选择打印机、打印到文件、要打印的页面范围和指定要打印的份数。

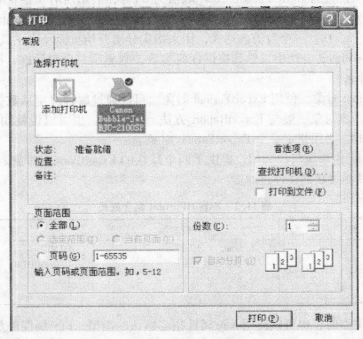

图 11.18　打印对话框

b. 不显示对话框打印。如果不需用户干预打印，则 PrintReport 方法也提供不显示对话框的打印，并可选择要 打印的页面范围。

例如，将一个"打印"按钮（cmdPrint）添加到"form1"中，如果要指定打印的页面范围为 1、2 页，则 cmdPrint 的 Click 事件代码：

```
Private Sub cmdPrint_Click( )
    rptBook. PrintReport False
    rptBook. PrintReport False,rptRangeFromTo,1,2
End Sub
```

（4）数据报表的导出。很多时候用户希望将报表保存下来，以备以后重新使用；或者需要将其作为文档内容的一部分，这时就需要将数据报表导出。在数据报表设计器中可以 ExportReport 方法将数据报表导出为其他格式的文件。此外，也可以使用 ExportFormat 对象对已导出的内容进行内容及外观的修改。

① ExportReport 方法。使用一个指定的 ExportFormat 对象导出报表的文本到一个文件。注意，图像和图形不能被导出，其语法格式如下：

Object. ExportReport( index ,filename ,Overwrite ,ShowDialog ,Range ,PageFrom ,PageTo)

其中：

index：一个索引、关键字或指定被使用的 ExportFormat 对象的 ExportFormat 对象引用；

Filename：一个字符串表达式，其值为文件名。若未被指定，会显示"导出"对话框；

Overwrite：一个布尔表达式，决定文件是否被覆盖；

ShowDialog：一个布尔表达式，决定是否显示"另存为…"对话框。如果没有指定 Export-Format 对象或 filename，即使这一参数被设定为 False，也将显示"导出"对话框；

Range：设置一个整数，决定是否包含报表中的所有页面，或者是仅包含一定范围的页面。取值如下：当常数为 RptRangeAllPages(取值为 0)时，表示所有页面都将打印，该值为默认值；当常数为 RptRangeFromTo(取值为 1)时，表示只有指定范围的页面将被导出。

PageFrom 和 PageTo：一个数值表达式，用来指定导出开始页面及终止页面。

如果在 ExportReport 方法中未给其提供任何参数，则显示一个对话框，提示用户提供相应的信息(如文件名)。

② ExportFormat 对象。使用 ExportFormat 对象，可以通过编程决定从数据报表中导出的文本的各种属性。该对象一般与 ExportReport 方法一同使用。也可以说使用 ExportReport 方法导出一个报表时，必须指定一个 ExportFormat 对象。

在 Visual Basic 中系统已经为用户提供了四个默认的 ExportFormat 对象。表 11.2 列出了 4 个成员以及与其相关联的文件过滤器。

**表 11.2　ExportFormat 集合成员**

| 对　　象 | 文件过滤器 | 说　　明 |
|---|---|---|
| ExportFormat(1) | *. htm、*. html | HTML |
| ExportFormat(2) | *. htm、*. html | Unicode HTML |
| ExportFormat(3) | *. txt | Text |
| ExportFormat(4) | *. txt | Unicode Text |

当使用默认类型时，也可以使用 Key 属性指定默认的类型。Key 属性值及常数如表 11.3 所示。

**表 11.3　Key 属性值及常数**

| 对　　象 | 关　键　字 | 常　　数 |
|---|---|---|
| ExportFormat(1) | Key_def_HTML | rptKeyHTML |
| ExportFormat(2) | Key_def_UnicodeHTML_UTF8 | rptKeyUnicodeHTML_UTF8 |
| ExportFormat(3) | Key_def_Text | rptKeyText |
| ExportFormat(4) | Key_def_unicodeText | rptKeyUnidoceText |

如果默认的成员符合用户需要，就可以通过四个成员之一，而不需要创建其他 Export-Format 对象就可以导出报表。例如，要以文本格式导出一个报表，可以使用如下代码：

```
Datareport1. ExportReport rptKeyText
```

使用 ExportReport 方法也可以设置在导出报表时是否显示一个对话框。例如，下面的语句是将数据报表导出到 E:\Sample 目录下。

```
DataReport1. ExportReport rptKeyHTML," E:Sample\Report" ,False ,rptRangeAllPages
```

这里 False 是 OverWrite 的参数值，表示导出时文件是否被覆盖；Report 为导出的文件名，它的扩展名为 htm。

# 任务十二　快速启动界面

## 一、任务目的

**1. 功能目标**

实现半透明的启动界面。

**2. 知识目标**

（1）掌握时钟控件的使用；

（2）了解 API 函数的使用。

**3. 技能目标**

掌握不同样式的用户窗口的设计。

## 二、任务分析

创建一如图 12.1 所示的"学生成绩管理系统"半透明的快速启动窗体。

实现此功能需要解决的问题：

（1）如何让窗体可以显示成半透明的样式；

（2）如何使窗体在显示一定时间后自动消失。

图 12.1　"学生成绩管理系统"快速启动窗体

## 三、过程演示

**1. 界面设计**

（1）新建一个窗口；

（2）在窗体上添加一个标签，显示应用程序名称；

（3）在窗体上添加一个 Timer 控件 ⏱。

**2. 设置半透明窗口**

（1）选择菜单项"外接程序"→"外接程序管理器"选项，打开"外接程序管理器"对话框，双击"VB6 API Viewer"，或者在右下角的复选框中选择"加载/卸载"，则会出现如图12.2 所示对话框。

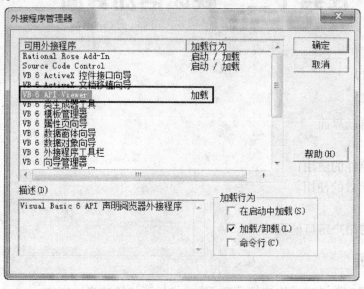

图 12.2　"外接程序管理器"对话框

（2）选择"确定"按钮，选择菜单项"外接程序"→"API 浏览器"选项。即打开如图 12.3 所示"API 浏览器"窗口。

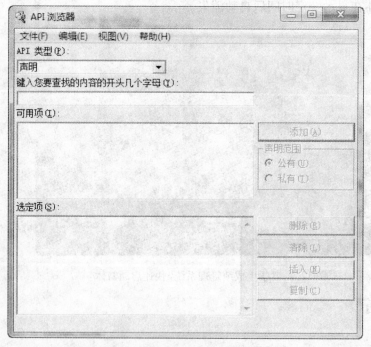

图 12.3　"API 浏览器"窗口

（3）在"API 浏览器"窗口中选择菜单项"文件"→"加载文本文件"选项，打开"选择一个文本 API 文件"对话框，如图 12.4 所示。

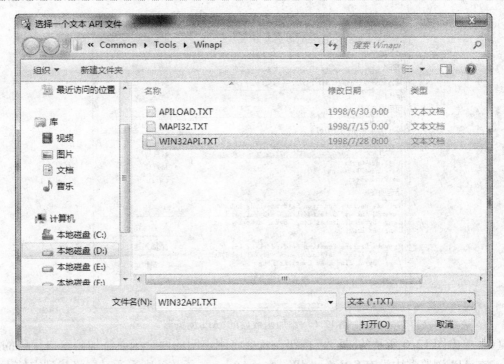

图 12.4　"选择一个文本 API 文件"对话框

（4）在图 12.4 中选择"WIN32 API. TXT"，然后单击"打开"按钮，这时会看到"API 浏览器"的可选项中出现了很多函数，如图 12.5 所示。

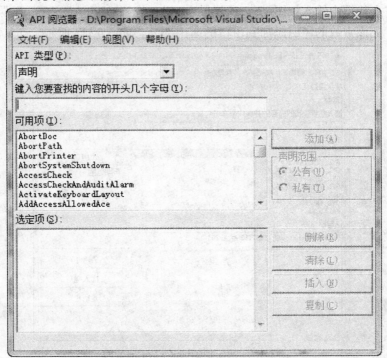

图 12.5　加载文本文件后的"API 浏览器"

（5）"添加"函数 SetWindowLong 和 GetWindowLong，结果如图 12.6 所示。注意图中标注位置的设置。

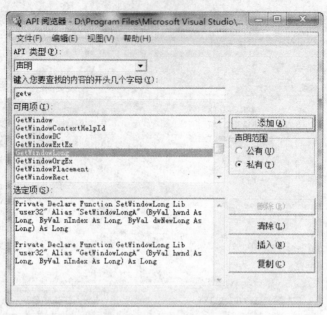

图 12.6　添加函数后的"API 浏览器"

（6）单击图 12.6 所示的"插入"按钮，就会将刚声明的两个函数添加到窗口代码的通用部分。在 API 浏览器中没有 SetLayeredWindowSAttributes 函数，则需通过网络找到它的声明代码，把该函数的声明部分拷贝到窗口的通用部分。

（7）单击图 12.6 中的"删除"按钮，把选定项中的内容清除。在"API 类型"组合框中选择"常数"，在查找框中输入如图 12.7 所示的"gwl"，找到 GWL_ EXSTYLE 常数，再次单击"插入"按钮，把该常数的声明添加到窗口的通用部分，如图 12.7 所示。

图 12.7　添加常数后的"API 浏览器"

（8）因为 SetLayeredWindowAttributes 函数的缘故，跟它相关的两个常数 WS_ EX_ LAYERED、LWA_ALPHA 在 API 浏览器中也找不到，不过在网上也可以很容易查到。到现在为止，窗口通用部分的声明部分代码如下：

```
Private Declare Function SetWindowLong Lib "user32" Alias "SetWindowLongA" (ByVal
hWnd As Long,ByVal nIndex As Long,ByVal dwNewLong As Long) As Long
    Private Declare Function GetWindowLong Lib "user32" Alias "GetWindowLongA" (ByVal
hWnd As Long,ByVal nIndex As Long) As Long
    Private Declare Function SetLayeredWindowAttributes Lib "user32" (ByVal hWnd As
Long,ByVal crKey As Long,ByVal bAlpha As Byte,ByVal dwFlags As Long) As Long
    Private Const GWL_EXSTYLE = (-20)
    Private Const ws_ex_layered = &H80000
    Private Const Lwa_alpha = &H2
```

（9）在窗口的 Load 事件中添加代码：

```
Private Sub Form_Load()
    Dim rtn As Long
  If App. PrevInstance Then End
  rtn = GetWindowLong(Me. hWnd,GWL_EXSTYLE)        ' 取的窗口原先的样式
  rtn = rtn Or WS_EX_LAYERED
  ' 使窗体添加新的样式 WS_EX_LAYERED
  SetWindowLong Me. hWnd,GWL_EXSTYLE,rtn            ' 把新的样式赋给窗体
  SetLayeredWindowAttributes Me. hWnd,0,200,Lwa_alpha
End Sub
```

　　代码分析：其中 If App. PrevInstance Then End 是为了实现让应用程序同一时间只能有一个实例在运行。App. PrevInstance 测试是否前面已经有一个实例在运行，它的值为真，表示已经有一个实例在运行，结束本次运行，这样就能保证只有一个实例在运行。GetWindowLong 函数用来得到窗口的样式，在 Windows 底层的概念中，所有的控件都叫窗口，每个窗口都有各自的样式。在窗口的样式中添加新样式的方式是用 OR 操作符。窗口要能够透明，必须有 WS_EX_LAYERED 样式，默认情况下窗口不具有该样式。

　　（10）双击窗口中的 Timer 控件，编写 Timer1_Timer 的代码如下：

```
Private Sub Timer1_Timer()
    Static num As Integer
    num = num + 1
    If num = 3 Then
        Unload Me
        frmlogin. Show
    End If
End Sub
```

## 四、知识要点

### 1. 时钟控件

（1）用途。计时器 Timer 控件 🕐 是一种特殊的控件，它能有规律地以一定的时间间隔

激发计时器的 Timer 事件而执行相应的程序代码。

计时器主要有两种功能：一是定时完成某项任务，二是进行某种后台处理。该控件在设计时可见，在运行时不可见，因而其在窗体上放置的位置并不重要，通常只需在工具箱中双击即可完成。

（2）重要属性。

1）Interval 属性（时间间隔）。该属性反映了引发两次 Timer 事件的时间间隔，以毫秒为单位，其取值在 0～64767 之间。取 0 表示不响应 Timer 事件，最大不能超过 64.8s。该属性在设计时设置，当然也可以在代码中动态修改。

在用 Timer 控件编程时应考虑对 Interval 属性的几条限制：

① 间隔的取值可在 0 到 64767 之间（包括这两个数值），这意味着即使是最长的间隔，也不比一分钟长多少（大约 64.8 秒）。

② 间隔并不一定十分准确。要保证间隔准确，应在需要时才让定时器检查系统时钟，而不在内部追踪积累的时间。

③ 系统每秒生成 18 个时钟信号，所以即使用毫秒衡量 Interval 属性，间隔实际的精确度也不会超过 1/18 秒。

2）Enabled 属性。该属性与一般控件的 Enabled 属性含义相同，取 True 表示计时器开始工作，取 False 表示计时器停止工作。Enabled 属性通常在程序中动态设置。

（3）事件。计时器中有一个 Timer 事件，当 Interval 属性指定的时间时隔达到时，计时器控件会自动触发该事件。

Timer 事件是周期性的。Interval 属性主要是决定"多少次"而不是"多久"。间隔的长度取决于所需精确度。因为存在某些内部的错误可能性，所以应将间隔设置为精确度的一半。定时器事件生成越频繁，响应事件所使用的处理器事件就越多。这将降低系统综合性能。除非有必要，否则不要设置过小的间隔。

**2. API**

（1）什么是 API。API 即为 Windows 应用程序编程接口（Apllication Programming Interface）。API 是一套用来控制 Windows 的各个部件（从桌面的外观到为一个新进程分配的内存）的外观和行为的一套预先定义的 Windows 函数。用户的每个动作都会引发一个或几个函数的运行以告诉 Windows 发生了什么。

这在某种程序上很像 Windows 的天然代码，其他的语言只是提供一种能自动而且更容易的访问 API 的方法，Visual Basic 在这方面作了很多工作，它完全隐藏了 API 并且提供了在 Windows 环境下编程的一种完全不同的方法。也就是说，用 Visual Basic 写出的每行代码都会被 Visual Basic 转换为 API 函数传递给 Windows。

API 函数包含在 Windows 系统目录下的动态连接库文件中（如 User32.dll，GDI32.dll，Shell32.dll…）。

（2）API 文本浏览器。很多 API 函数都很长，如下就是作为例子的 API SetWindowLong 函数：

```
Private Declare Function SetWindowLong Lib "user32" Alias "SetWindowLongA" ( ByVal hWnd As Long,ByVal nIndex As Long,ByVal dwNewLong As Long) As Long
```

如果从来没有接触过 API，肯定会被吓住。不过不要担心，Microsoft 的设计者考虑到了这个问题。通过 API 文本查看器，可以方便地查找程序所需要的函数声明、结构类型和常数，然后将它复制到剪贴板，最后再粘贴到 Visual Basic 程序的代码段中。在大多数情况下，只要确定了程序所需要的函数、结构和常数这三个方面，就可以通过对 API 文本浏览器的以上操作将他们加入到程序段中，从而在程序中可以使用这些函数。

（3）Visual Basic 中使用 API。在 Visual Basic 中如何声明函数呢？以下是本例中讲过的函数声明格式：

Function SetFocus( Byval hwnd as long) as long

这个代码定义了名为 SetFocus 的函数，此函数具有一个 long 型数据类型的参数，并按值传递( Byval)，函数执行后将返回一个 long 型数据。

API 函数的声明也很类似。API 中 SetFocus 函数是这个声明的：

Declare Function SetFocus lib "user32" alias "setfocus"( byval hwnd as long) as long

结构更加复杂。但除了这些多出来的部分，其他部分还是和以前学到的函数声明是一样的，函数在程序中的调用也是一样，例如：

Dim dl as long
dl = SetFocus( Form1. hwnd)

但是有一点应该清楚，它不像自己写的函数那样能看到里面的运行机理，也不像 Visual Basic 自带的函数那样，能够从 Visual Basic 的联机帮助中查找到其用法。惟一的方法就是去查找 Visual Basic 以外的资料，来了解该函数的用法与功能。

Declare 语句用于在模块级别中声明对动态链接库( DLL) 中外部过程的引用。对此，只要记住任何 API 函数声明都必须写这个语句就可以了。

Lib 指明包含所有声明过程或函数的动态链接库或代码资源。也就是说，它说明的是函数或过程从何而来的问题。

如在上面提到的，SetFocus lib "user32" 说明函数 SetFocus 来自 user32. dll 文件。主要的 dll 动态连接库文件如下：

1）user32. dll：Windows 管理，生成和管理应用程序的用户接口。

2）gdi32. dll：图形设备接口，产生 Windows 设备的图形输出。

3）kernel32. dll：系统服务，访问操作系统的计算机资源。

注意：当 dll 文件不在 Windows 或 System 文件夹中的时候，必须在函数中说明其出处（路径）。如，SetFocus lib "C:\mydll. dll"。

函数声明中的 alias 是可选的，表示将调用的过程在动态链接库( DLL) 中还有另外的名称（别名）。例如，alias "setfocus"，说明 SetFocus 函数在 user32. dll 中的另外的名称是 setfocus。怎么两个名称都一样呢？当然，也可以是不同的。在很多情况下，alias 说明的函数名，即别名最后一个字符经常是字符 a，如 setwindowstext 函数的另一名称是 setwindowstexta，表示为 alias "setwindowstexta"。这个 a 只不过是设计者们习惯的命名约定，表示函数属于 alias 版本。

那么，别名究竟有什么用途呢？从理论上讲，别名提供了用另一个名字调用 api 的函数方法。如果指明了别名，那么尽管按 Declare 语句后面的函数来调用函数，但在函数的实际调用中是以别名作为首要选择的。例如，以下两个函数声明都是有效的，他们调用的是同一个 SetFocus 函数：

```
Declare Function abcd Lib "user32" Alias "SetFocus" (ByVal hwnd as Long) as Long
Declare Function SetFocus Lib "user32" (By Val hwnd as Long) as Long
```

注意：选用 alias 的时候，应注意别名的大小写；如果不选用 alias 的时候，函数名必须注意大小写，而且不能改动。当然，在很多情况下，由于函数声明是直接从 API 文本浏览器中拷贝过来的，所以这种错误的发生机会是很少的。

API 声明（包括结构、常数）必须放在窗体或模块的通用（General Declarations）段。函数还有 Public 和 Private 之分，由 Declare 声明的默认为 Public，在前面所讲的几个例子中，Declare 前面的 Public 省略了。在通用部分只能声明 Private 类型的函数。

API 函数中使用的数据类型基本上和 Visual Basic 中的一样。但作为 win32 的 API 函数中，不存在 Integer 数据类型。另外，在 API 函数中看不到 Boolean 数据类型。Variant 数据类型在 API 函数中是以 Any 的形式出现的。

（4）几个 API 函数介绍。这里介绍的三个 API 函数是本任务中用到的，其他的函数可以查看相关的资料。

GetWindowLong：该函数获得有关指定窗口的信息，函数也获得在额外窗口内存中指定偏移位地址的 32 位整型值。具体要取得窗口的什么信息，由第二个参数决定。例如，GWL_STYLE，窗口样式；GWL_WNDPROC，该窗口的窗口函数的地址等。它的使用方法如下：

```
Dim ret As Long
Ret = GetWindowLong(Form1. hwnd , GWL_STYLE)
```

其中第一个参数是窗口的句柄（Windows 用来标识被应用程序所建立或使用的对象的唯一整数），句柄一般可以通过控件的 hwnd 属性获得。

SetWindowLong：它与 GetWindowLong 的功能关系密切，它是设置修改窗口的信息。前两个参数两者相同，第三个参数表示要修改成新值。

SetLayeredWindowAttributes：该函数可能在 API 文本浏览器中无法找到，不过没关系，它的声明语法可通过网络轻松得到。其中，第一个参数表示要透明的窗口句柄。第二参数是一个颜色值，它表示窗口上是该颜色的部分将会被透明，它的生效还跟第 4 个参数有关。第三个参数表示透明度，取值范围是 0 ~ 255，数字越小越透明，0 是完全透明，255 是完全不透明。第 4 个参数表示透明方式，当取值 LWA_ALPHA 时，表示不会按第二个参数设定的颜色透明，而是按第三个参数设置整个窗口透明度；当取值 LWA_COLORKEY 时，正好相反；当然，还可以取两者相结合 LWA_ALPHA OR LWA_COLORKEY，将先会按颜色透明，再把剩余的部分设置透明度。例如：

```
SetLayeredWindowAttributes Me. hWnd , 0 , 145 , Lwa_alpha
```

代码功能：半透明整个窗体。

```
SetLayeredWindowAttributes Me. hWnd , 0 , 145 , Lwa_ColorKey
```

代码功能：0 表示黑色，窗口的黑色部分将被透明，整个窗口不会透明，第三个参数失效。

```
SetLayeredWindowAttributes Me. hWnd , 0 , 145 , Lwa_alpha Or Lwa_ColorKey
```

代码功能：先把黑色的部分透明，剩余的部分再作整体半透明化处理。

## 五、学生操作

（1）用时钟控件和 API 函数为仓库管理信息系统设计一个快速启动窗口，在窗口上再应用程序的名称、图标、版本和其他信息，该窗口显示一定时间后会自动关闭，如果用户觉得等待时间太长，只要用鼠标单击一下该窗口就可以关闭它。

（2）完善应用程序功能，实现根据不同用户显示不同可操作界面功能，对系统进行整体测试(操作提示：对于根据不同用户显示不现操作界面，最简单的方法是可以在标准模块中设置一个公用过程，根据用户的身份显示不同的可操作菜单)。

考核点：

（1）时钟控件的正确使用；

（2）使用 API 函数创建特定形式的窗口；

（3）连接各功能模块。

## 六、任务考核

任务考核见表 12.1。

表 12.1　任务考核表

| 序　号 | 考　核　点 | 分　值 |
|---|---|---|
| 1 | 是否能使用 API 函数实现特定效果窗体的设计 | 2 分 |
| 2 | 程序启动界面效果 | 2 分 |
| 3 | 系统各任务之间的连接是否合理满足 | 2 分 |
| 4 | 应用系统的整体效果 | 3 分 |

## 七、知识扩展

### 1. 软件封面制作

每一个软件在启动时都有一个封面，显示应用程序名、作者及版权信息等。Microsoft Office 软件封面的特点是当软件封面在屏幕出现后，后台继续加载主控程序窗体，当主控程序窗体加载完毕，封面自动关闭。软件启动封面显示过程实质上使窗体保持在最上层，这是通过调用 SetWindowPos 接口函数来完成这一任务。在此将介绍此类封面的制作过程。

软件封面需要一个单独的窗体构成，并要将窗体的 ControlBox、MaxButton、MinButton 属性设置为 False，使窗体在运行时不显示控件菜单框及最大、最小化按钮。另外，封面窗体不能有标题栏。要关闭窗体的标题栏，必须将窗体的 Caption 属性置空(不能含任何字符)。可在封面窗体上放置一个图像框以便装入一幅照片作为背景，放置 2~3 个标签用以显示软件标题与版权信息等。在此假定封面窗体为 frmcover，封面背景图案，软件标题与版权信息等具体数据请读者自行确定。

主控程序窗体除了所含有的功能控件外，还要一个计时器控件，用于到达预定时间时自动关闭封面窗体。在设计时定时器控件的 Enabled 属性设置为 False，Interval 属性设计为了 1000。假定主窗体为 frmmain，定时器为 Timer1，如果只是为了演示目的，主窗体上其他控件可以暂时不设置。在加载主控程序窗体的过程中，为保持封面窗体一直处于主窗口的上方，需要通过模块文件（BAS）来引用 API 的 SetWindowPos 接口函数，由该函数来完成这一任务。SetWondowPos 函数的格式为：

Public Declare Function SetWindowPos Lib "user32" （ByVal hwnd As Long，ByVal hWndInsertAfter As Long，ByVal x As Long，ByVal y As Long，ByVal cx As Long，ByVal cy As Long，ByVal wFlags As Long）As Long

注意：这里函数通过 API 浏览器插入。

这里参数 hWnd 为窗口句柄，它指示一个窗口；hWndInsertAfter 指标另一个窗口，由 hWnd 指示的窗口将被定位在该窗口后；x，y 为窗口左上角坐标；cx，cy 为窗口的新的长和宽度；wFlags 是影响窗口大小、位置和是否显示的 16 位值。

如果 hWndInsertAfter 未包含合法窗口句柄，则可用下列值之一：

HWND_BOTTON　　　　　　　窗口将被定位在按 A~Z 顺序排列的窗口底部
HWND_TOP　　　　　　　　　窗口将被定位在按 A~Z 顺序排列的窗口顶部
HWND_TOPMOST　　　　　　窗口将被定位在所有窗口顶部
HWND_NOTOPMOST　　　　　窗口将不能被定位在所有窗口顶部

下面进入工程设计，在窗体的声明节中定义一些常数：

```
Const SWP_NOMOVE = 2                        '不更新窗口位置
Const SWP_NOSIZE = 1                        '不更新窗口大小
Const FLAGE = SWP_NOMOVE Or SWP_NOSIZE
Const HWND_TOPMOST = -1                     '窗口放在最上面
```

当主窗体激活后，可通过 Form_Activate 事件启动定时器控件 Timer1，在此例中设置封面窗体延迟时间为 2s。

```
Private Sub Form_Activate( )
    Timer1. Interval = 8000
    Timer1. Enabled = True
End Sub
```

主窗体的 Form_Load 事件就是装入封面并使其保持在主窗口的上方。由于程序的读入有一个过程，在这段时间可以像 Office 系列软件一样，把鼠标的形状为沙漏形，表示正在读入程序。

```
Private Sub Form_Load( )
    Screen. MousePointer = 11              '鼠标的形状设置成沙漏形
    frmcover. Show                         '装入封面
    frmcover. Refresh
    SetWindowPos frmcover. hWnd, HWND_TOPMOST,0,0,0,0,FLAGE
End Sub
```

在调用 SetWindowPos 函数时，形参 hWnd 对应 frmcover. hwnd，指示 frmcover 窗口；形参 hWndInsertAfter 选用常数 HWND_TOPMOST，使 frocover 窗口被定位在所在窗口顶部；形参 x、y、cx、cy 都取 0；选用常用 FLAGE 不更新 frmcover 窗口位置和大小。

定时器控件 Timer1 和 Timer 事件控制封面的自动关闭，并使鼠标的形状返回正常状态。

```
Private Sub Timer1_Timer( )
    Enabled = False
    Unload frmcover
    Screen. MousePointer = 0
End Sub
```

图 12.8 演示了软件封面运行过程。封面窗体关闭了窗体的标题栏、控件菜单框及最大和最小化按钮，上面放置了一个图片和两个标签，并使其保持在主窗口的上方。

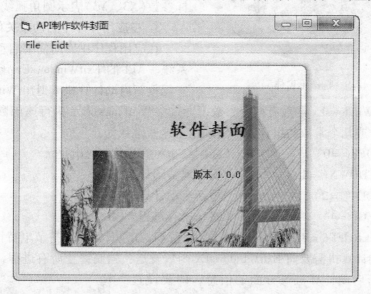

图 12.8　软件封面

在任何应用程序中，使用此技术可使某一窗口保持在最上方。

**2. 生成特殊形状的窗体**

通常窗体都是矩形形状的，但是可以通过调用 API 函数使窗体的外观变成椭圆或还圆角的矩形窗体。椭圆状窗体需要通过 CreateEllipticRgn 函数建立，圆角的矩形窗体需要使用 CreateRoundRectRgn 函数建立，然后再使用 SetWindowRgn 函数调用。下面的代码说明了椭圆状外观窗体的建立过程。

在 BAS 模块文件中调用 CreateEllipticRgn 函数和 SetWindowRgn 函数：

Public Declare Function CreateEllipticRgn Lib " gdi32" （ByVal X1 As Long，ByVal Y1 As Long，ByVal X2 As Long，ByVal Y2 As Long） As Long

其中参数(X1、Y1)为椭圆区域在窗体内左上角的坐标，（X2、Y2)为椭圆区域在窗体内右下角的坐标，采用像素数值。

Public Declare Function SetWindowRgn Lib "user32" （ByVal hWnd As Long，ByVal hRgn As Long，ByVal bRedraw As Boolean） As Long。

参数 hWnd 为窗口句柄；hRgn 为窗口形状；Bredraw 为图形重绘控制。

Form_Load( )事件为主控程序:

```
Private Sub Form_Load( )
    SetWindowRgn hWnd,CreateEllipticRgn(100,50,800,500),True
End Sub
```

图 12.9 椭圆形窗体

这里,实际参数(100、50、800、500)表示椭圆区域的大小,程序运行效果如图 12.9 所示。

可以通过调用 CreateRoundRectRgn 函数建立带圆角的矩形状窗体,该函数中的第三组坐标参数(X3、Y3)表示圆角弧线的圆心坐标。

**3. 在应用程序中启动或关闭计算机**

在应用程序中有时需要启动或关闭计算机系统。API 的 ExitWindowsEx 函数就可方便地实行重新启动计算机或退出 Windows 系统并关闭计算机。ExitWindowsEx 函数有两个参数,通过参数 uFlags 指示执行该函数时要完成的动作,可以用一个或几个常数的组合来指定动作。这些常数为:

| | |
|---|---|
| EWX_LOGOFF( =0) | ' 强制终止所有进程,退出登录 |
| EWX_SHUTDOWN( =1) | ' 安全地关闭计算机 |
| EWX_REBOOT( =2) | ' 重新启动计算机 |
| EWX_FOREC( =4) | ' 终止所有进程 |
| EWX_ROWEROFF( =8) | ' 关闭计算机,如果计算机支持节电特性,关闭电源 |

要重新启动计算机需要向 ExitWIndowsEx 函数发送:强制终止所有进程,退出登录、关闭计算机、重新启动计算机等方面的信息,即要设置 uFlags 的组合值为 0+1+2。要关闭计算机系统需要向 ExitWindosEx 函数发送:终止所有进程、退出登录、关闭计算机、关闭电源等方面的信息,即要设置 uFlags 的值为 0+1+4+8。

ExitWindowsEx 函数的 dwReserved 参数用于控件是否要保留当前窗体状态。

假定窗体上的控件如图 12.10 所示。

在模块文件中声明 ExitWindowsEx 函数:

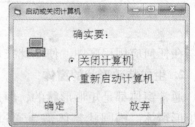

图 12.10 启动或关闭计算机

```
Public Declare Function ExitWindowsEx Lib "user32" (ByVal uFlags As Long,ByVal dwReserved As Long) As Long
```

在 Form 的声明节定义 ExitWindowsEx 函数要使用的常数:

```
Const EWX_LOGOFF =0          ' 强制终止所有进程,退出登录
Const EWX_SHUTDOWN =1        ' 安全地关闭计算机
Const EWX_REBOOT =2          ' 重新启动计算机
Const EWX_FOREC =4           ' 终止所有进程
Const EWX_ROWEROFF =8
```

ExitWindowsE 函数调用格式如下:

```
Private Sub Command1_Click( )
    If Option1. Value = True Then
        answer = ExitWindowsEx(13, dwReserved)          ' 关闭计算机
    End If
    If Option2. Value = True Then
        answer = ExitWindowsEx(3, dwReserved)           ' 启动计算机
    End If
End Sub
```

要参考上述格式在自己的应用程序中调用 ExitWindowsE 函数，用于控制 Windows 系统的自动关闭或重启动。

# 任务十三　应用系统的发布

## 一、任务目的

**1. 功能目标**

实现应用系统的打包与发布。

**2. 知识目标**

（1）理解发布 Visual Basic 应用程序的基本步骤；

（2）掌握用"打包和展开向导"发布 Visual Basic 应用程序的方法。

**3. 技能目标**

能够对 VB 开发的应用系统进行打包发布。

## 二、任务分析

Support

setup.exe

SETUP.LST

工程1.CAB

图 13.1　安装包中的项目

要求当应用程序被打包后，会找到相应的安装文件，如图 13.1 所示工程 . CAB、Setup. exe、Setup. lst；能通过展开应用程序、管理脚本、创建 Setup. lst 文件等，将打包的应用程序放置到适当的位置，如磁盘、光盘、网络等，以便用户来安装它。实现此功能需要解决的问题：如何对 VB 应用程序进行打包以生成安装文件。

## 三、过程演示

（1）将数据库文件复制到工程文件的根目录下（用 VB 自带的发布工具可以对 VB 应用程序进行分发，但该工具对于存放在文件夹中数据库难以发布，需要将所有的发布文件放在根目录下，所以，在本例中修改了源代码和数据库的位置，并且在添加文件时要将数据库添加到发布文件中，使得程序安装后能正常运行）。

（2）选择菜单项"外接程序"→"外接程序管理器"进行如图 13.2 所示设置。

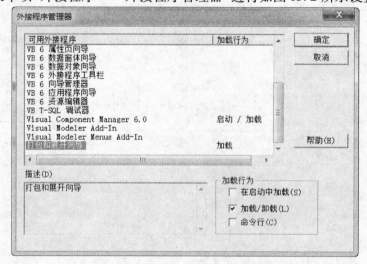

图 13.2　添加"打开和展开向导"菜单

（3）选择菜单项"外接程序"→"打开和展开向导"，打开如图13.3所示对话框。单击"浏览"按钮，选择要打包的工程后，单击"打包"图标。

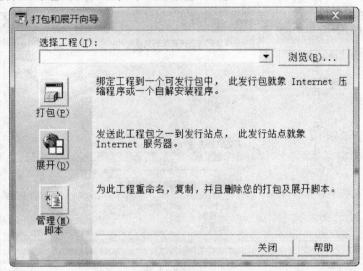

图13.3　打包和展开向导

（4）弹出如图13.4所示因为在项目中没生成.exe文件，出现如下图所示的对话框（打开工程文件生成.exe文件，再点"打包"按钮）。如.exe文件已经存在则直接进入下一步。

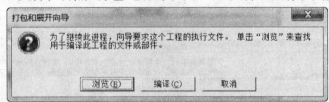

图13.4　打包和展开向导要求工程可执行文件

（5）在如图13.5所示的"打包和展开向导–包类型"中选择"标准安装包"，单击"下一步"按钮。

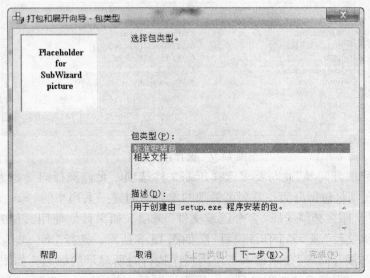

图13.5　选择包类型

（6）在如图 13.6 所示的"打包和展开向导 – 打包文件夹"中选择存放软件包的位置（可选择现有文件夹，也可新建文件夹），单击"下一步"按钮。

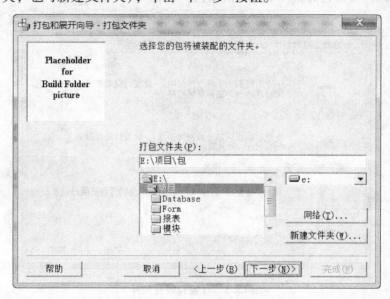

图 13.6　选择存放软件包的位置

（7）显示如图 13.7 所示将要包含在软件包中的文件列表，并且允许向包中添加附加文件或删除不需要的文件。点击"下一步"。（注意：需要添加系统的数据库文件）。

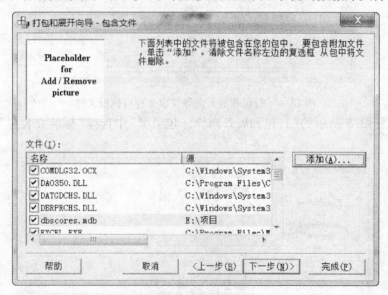

图 13.7　选择包含文件

（8）"打包和展开向导"此时要求选择压缩文件选项，允许选择向导是为包创建一个大的 .cab 文件，还是将包拆分为一系列可管理的单元而创建一系列小的 .cab 文件。如果计划使用软盘来部署，那么必须选择"多个压缩文件"选项。如果计划使用其他方法部署，可以选择"单个的压缩文件"或"多个压缩文件"，如图 13.8 所示，选择"下一步"。

（9）"打包和展开向导"要求输入当应用程序执行时所显示的标题，如图 13.9 所示。在用户运行 Setup.exe 程序安装工程时显示，输入标题后，单击"下一步"。

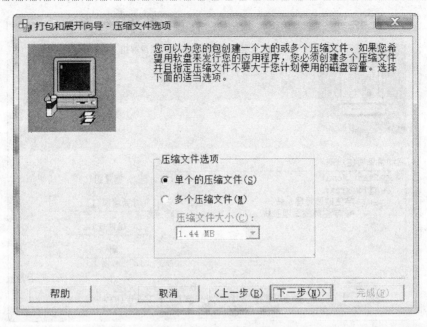

图 13.8　选择压缩文件选项

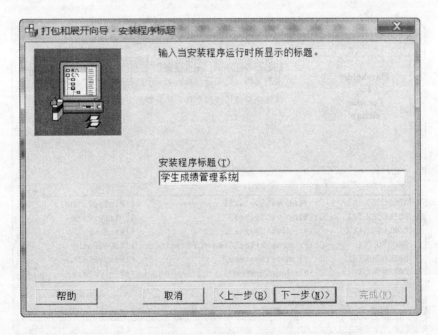

图 13.9　设置安装程序标题

(10)"打包和展开向导"要求确定安装进程要创建的启动菜单群组及项目,可以在下面两个位置之一为应用程序创建组和项:在"启动"菜单的主层次,或者在"启动"菜单的"程序"子目录。除了创建新的"启动"菜单组和菜单项之外,还可以编辑已有菜单项的属性,或者可以删除菜单组和菜单项,如图 13.10 所示。

(11)"打包和展开向导"要求确定非系统文件和位置,所有的系统文件都自动安装在Windows 的 System 目录下,其他的文件可以从一系列在用户机器上指定安装位置的宏中选择,或者添加子文件夹在宏的尾部,如图 13.11 所示。单击"下一步"。

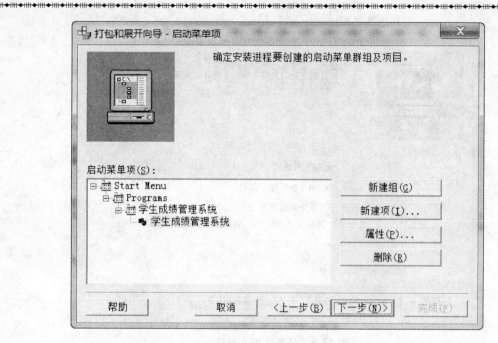

图 13.10　设置启动菜单项

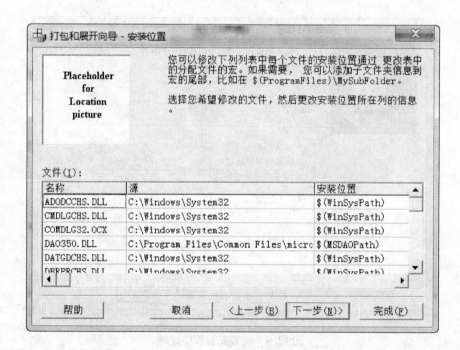

图 13.11　设置安装位置

（12）"打包和展开向导"将出现"共享文件"对话框，决定哪些文件是作为共享方式安装的。共享文件是在用户机器上可以被其他应用程序使用的文件。当最终用户卸载应用程序时，如果计算机上还仍然存在别的应用程序在使用该文件，文件不会被删除。系统通过查看指定的安装位置决定文件是否能够被共享。除了作为系统文件安装的文件外，任何文件都可以被共享。没有被标志安装到 $(WinSysPathSysFile)$ 目录的所有文件都有可能被共享，如图 13.12 所示，单击"下一步"。

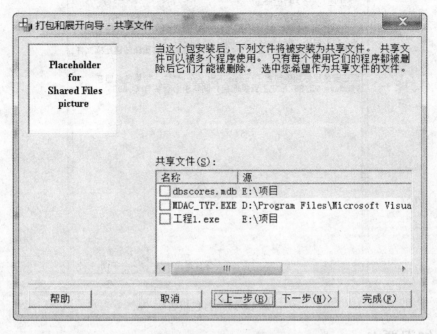

图 13.12 共享文件设置

（13）"打包和展开向导"出现"已完成"对话框如图 13.13 所示，设置脚本名称后，选择"完成"按钮。

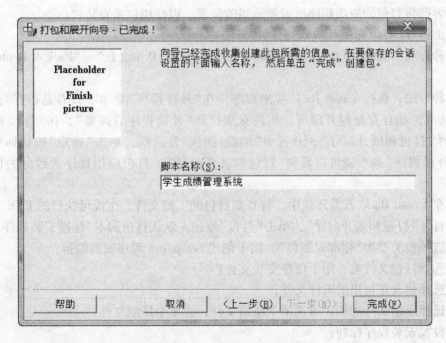

图 13.13 共享文件设置

（14）出现如图 13.14 所示的打包报告，可以把这个报告保存在一个文件中。整个应用程序的打包过程完成了。此时可以在"E:\项目\包"文件夹下面找到如图 13.14 所示内容。

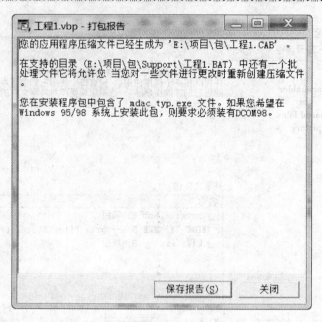

图 13.14　打包报告

## 四、知识要点

应用程序的发布：一般来说发布应用程序要包含两个步骤：打包和部署。打包即将应用程序文件打包为一个或多个 cab 文件。cab 文件是一种压缩格式的文件，可以通过 Winzip 释放它。部署即将打包的应用程序放置到适当的位置，以便用户来安装它。

常见的打开"打包和展开向导"有两种方法，

第一种方法：选择"开始"→"Microsoft Visual Basic 6.0 中文版"→"Pack & Deployment 向导"选项。

第二种方法：执行 Visual Basic 应用程序，在"外接程序"菜单下查看是否有"打包和展开向导"选项，如有直接打开即可；如没有则打开"外接程序管理器"，在"外接程序管理器"中选择"打包和展开向导"，并选中"加载/卸载"复选框，单击"确定"按钮即可，此时再打开"外接程序"菜单就可以看到"打包和展开向导"。打包应用程序大致分为以下几个步骤：

（1）在 Visual Basic 开发环境中，打开要打包的工程文件，生成可执行的 EXE 文件；

（2）打开"打包和展开向导"，单击"打包"按钮，默认打包脚本"标准安装软件包"；

（3）选择包类型为"标准安装包"，用于创建 Setup.exe 程序安装的包；

（4）选择打包文件夹，用于保存安装文件；

（5）选择包含在包里的附件文件；

（6）选择压缩文件选项，可选单个压缩文件，或多个压缩文件；

（7）设置安装程序标题；

（8）确定安装进程要创建的启动菜单群组及项目；

（9）设置安装文件的安装位置；

（10）保存脚本名称，以备之后修改使用；

（11）完成打包过程。

## 五、学生操作

利用 Visual Basic 提供的"打包和展开向导"，为图书馆管理信息系统进行打包，生成安装文件。考核点：

（1）当应用程序被打包后，会得到相应的安装文件，工程 1. CAB, Setup. exe, Setup. lst。

（2）通过展开应用程序，管理脚本，创建 Setup. lst 文件等，将打包应用程序放置到适当的位置，如磁盘、光盘、网络等，以便用户来安装它。

## 六、任务考核

任务考核见表13.1。

表 13.1　任务考核表

| 序　　号 | 考　核　点 | 分　　值 |
| --- | --- | --- |
| 1 | 应用程序的打包过程 | 4分 |
| 2 | 应用程序与数据库位置处理 | 3分 |
| 3 | 展开应用程序是否可正常运行 | 3分 |

## 七、知识扩展

### 1. 展开应用程序

将应用程序打包后，还应将打包的应用程序旋转到适当的位置，比如磁盘、光盘、网络等，以便用户来安装它。单击"展开"按钮，选择脚本"Web 浏览器"，打开如图 13.15 所示的"展开的包"对话框。

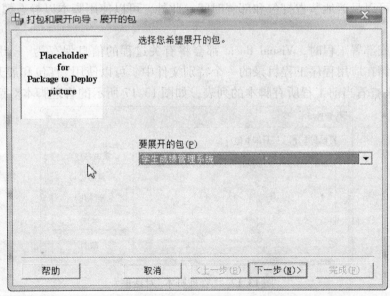

图 13.15　选择要展开的包

选中"学生成绩管理系统"，然后单击"下一步"按钮，出现"展开方法"对话框，提供了"文件夹"和"Web 公布"两种展开方法，如图 13.16 所示。

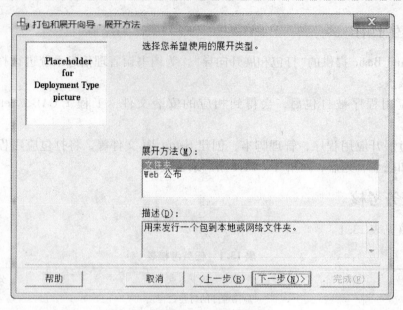

图 13.16　展开方法

选择"文件夹"后，单击"下一步"按钮，接着出现选择文件夹对话框，选择将要发布的本地或驱动器上的文件夹。与打包应用程序时类似，单击"下一步"按钮后，会出现"已完成"对话框，在脚本名称中填入一个脚本名称，就可以让其他用户使用应用程序了。同样，向导也提供了一个报告文件。

**2. 管理脚本**

使用打包和展开向导，可以创建并存储脚本。所谓脚本是指在打包或展开过程中做选择的记录。创建一个脚本就可以将这些选择保存起来，以便在以后的过程中为同一个工程使用，使用脚本可以显著地节省打包和部署时间。此外，可以使用脚本以静态模式打包和部署应用程序。

每次打包或部署工程时，Visual Basic 都会将有关过程的信息保存为一个脚本。工程的所有脚本都存储在应用程序工程目录的一个特别文件中。可以使用"打包和展开向导"的"管理脚本"选项来查看当前工程所有脚本的列表，如图 13.17 所示的管理脚本对话框。

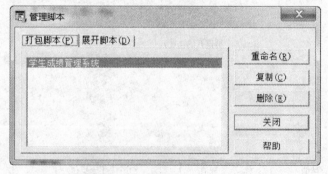

图 13.17　"管理脚本"对话框

在这个对话框中，可以查看所有打包或部署脚本的列表，重命名一个脚本，创建一个具有新名字的脚本副本，删除不再需要的脚本。

**3. Setup. lst 文件**

如果使用打包和展开向导，向导将自动创建 Setup. lst 文件。Setup. lst 文件描述了应用程序必须安装到用户机器上的所有文件，此外还包含了有关安装过程的关键信息。例如，Setup. lst 文件告诉系统每个文件的名称，安装位置以及应如何进行注册等。Setup. lst 文件共有五段。

（1）BootStrap 段。该段包含 Setup. exe 文件安装和启动应用程序的主安装程序所需的所有信息。例如，应用程序的主安装程序的名称，在安装过程中使用的临时目录以及在安装过程的起始窗口出现的文字。

```
［Bootstrap］
SetupTitle = 安装
SetupText = 正在复制文件,请等待。
CabFile = 工程 1. CAB
Spawn = Setup1. exe
Uninstal = st6unst. exe
TmpDir = msftqws. pdw
Cabs = 1
```

在安装过程中要用到两个安装程序：一个是 Setup. exe，这是一个预安装程序；另一个是 Setup1. exe，这是由安装工具包编译生成的。BootStrap 部分将为 Setup. exe 文件提供指示。

BootStrap 段包含的成员如下：

SetupTitle：当 Setup. exe 将文件复制到系统时所出现的对话框中显示的标题。

SetupText：当 Setup. exe 将文件复制到系统时所出现的对话框中显示的文字。

CabFile：应用程序的 . cab 文件名称，如果有多个 . cab 文件，则是第一个 . cab 文件的名称。

Sqawn：当 Setup. exe 完成处理后要启动的应用程序名称。

TmpDir：存放在安装过程中产生的临时文件的位置。

Uninstall：用做卸载程序的应用程序名称。

（2）BootStrap Files 段。该段列出了主安装文件所需的所有文件，通常这部分只包括 Visual Basic 运行时文件。下面显示了"学生成绩管理系统"的 Setup. lst 文件中的 BootStrp Files 段中的部分条目。

```
［Bootstrap Files］
File1 = @ VB6STKIT. DLL, $（WinSysPathSysFile）,,, 7/6/98 12：00：00 AM,
102912,6. 0. 81. 69
……
File9 = @ msvbvm60. dll, $（WinSysPathSysFile）, $（DLLSelfRegister）,,7/14/09 9:15:50
AM,1386496,6. 0. 98. 15
```

上面每个文件都用一行单独列出，且必须使用下列格式：

FileX = file,, install, path, register, shared, date, size［, version］

例如，上面的代码最后一行的意思是：File9 表示第 9 个安装文件；@ msvbvm60. dll 表示安装文件名称；$（WinSysPathSysFile）表示安装目录；$（DLLSelfRegister）表示该文件是一个自注册的 . DLL 或 . OCX 或其他具有自注册信息的 ALL 文件；7/14/09 9：15：50 AM，

1386496，6.0.98.15 表示文件最后一个被修改的日期；1386496 表示文件大小，单位是字节，6.0.98.15 表示内部版本号码。

（3）Setup 段。该段包含应用程序中的其他文件需要的信息如下：

```
[ Setup ]
Title = 学生成绩管理系统
DefaultDir = $( ProgramFiles) \ 工程 1
AppExe = 工程 1. exe
AppToUninstall = 工程 1. exe
```

其中：

Title：将出现在安装期间的快速显示屏幕，"启动"菜单的程序组，以及应用程序名称。

DefautDir：默认的安装目录，用户可以在安装过程中指定一个不同的目录。

AppExe：应用程序的可执行文件的名称。

AppToUninstall：应用程序在"控制面板"中的"添加/删除程序"实用程序中出现的名称。

（4）Setup1 Files 段。该段列出应用程序所需的所有其他文件，例如 .exe 文件、数据及文本。

以下是"学生成绩管理系统"的 Setup. lst 文件的 Setup1 Files 段的部分条目。

```
[ Setup1 Files ]
File1 = @ dbscores. mdb, $( AppPath) , , ,12/7/11 8:56:49 AM,167936,0. 0. 0. 0
……
File28 = @ 工程 1. exe, $( AppPath) , , ,12/13/11 9:37:36 AM,892928 ,1. 0. 0. 0
```

（5）IconGroups 段。该段包含了关于安装赛程所创建的"启动"菜单的程序组的信息。每个要创建的程序组首先在 IconGroups 部分列出，然后指定一个单独部分（Group0，Group1，Group2 等），在此部分中包含关于这个程序组的图标和标题的信息。程序组从 0 开始顺序编号。例如，"学生成绩管理系统"的 Setup. lst 文件中的 IconGroups 段的条目如下：

```
[ IconGroups ]
Group0 = 学生成绩管理系统
PrivateGroup0 = True
Parent0 = $( Programs )

[ 学生成绩管理系统 ]
Icon1 = " 工程 1. exe"
Title1 = 学生成绩管理系统
StartIn1 = $( AppPath )
```

# 任务十四  信息系统开发综合应用

## 一、任务目标

### 1. 功能目标

设计一图书管理信息系统，具体要求如下：

（1）需求分析：能够输入图书的综合情况和进行新书入库，现有图书信息修改以及删除；能够实现对读者档案进行查询和编辑管理；能够实现罚款记录、查询功能；能够实现借阅历史的查询功能。

（2）系统性能要求：系统安全、可靠；功能齐全；操作方便、界面友好；易于维护和扩充。

（3）系统的功能分析：

资料维护：为了存放图书、读者档案的全部数据，本系统将对每一本图书和每位读者的信息进行管理。系统维护包括对各种表记录的修改、删除、添加等操作。

系统查询：可以对图书、借书证等相关信息进行查询。

报表打印：包括打印图书信息、读者信息、借出书籍信息等。

其他操作：包括修改密码、添加用户等。

### 2. 知识目标

（1）熟练掌握面向对象、可视化编程的基本方式，事件驱动机制的基本特性和应用方法；

（2）熟练掌握利用 VB 创建多窗体应用程序的方法；

（3）熟练掌握 VB 的数据类型、变量和常量的概念、运算符、内部函数、API 的概念和其使用方法；

（4）熟练掌握程序设计的三种基本结构及其使用方法；

（5）熟练掌握自定义过程和函数的创建方法和调用方法；

（6）熟练掌握菜单的建立方法、对话框、工具栏和使用方法；

（7）熟练掌握 FSO 对象模型进行文件操作的编程方法；

（8）熟练掌握使用 ADO 数据控件访问和操作数据库的方法；

（9）熟练掌握使用 ADO 对象模型编程的方法。

### 3. 技能目标

（1）掌握高级语言程序设计的方法；

（2）掌握程序调试的技巧；

（3）具备用高级程序设计语言解决实际问题的能力；

（4）能应用 VB 开发信息管理系统；

（5）具备自主学习其它高级语言的能力。

## 二、任务分析

根据功能目标对任务一到任务十三所涉及的知识进行综合应用，对图书管理信息系统进行分析、设计、实现以及测试。

## 三、过程演示

### 1. 图书管理信息系统的系统设计

一直以来人们使用传统的人工方式管理图书馆的日常工作，对于图书馆的借书和还书过程，想必大家都已很熟悉。在计算机尚未在图书馆广泛使用之前，借书和还书过程主要依靠手工。一个最典型的手工处理还书过程就是：读者将要借的书和借阅证交给工作人员，工作人员将每本书上附带的描述书的信息的卡片和读者的借阅证放在一个小格栏里，并在借阅证和每本书贴的借阅条上填写借阅信息，这样借书过程就完成了。还书时，读者将要还的书交给工作人员，工作人员根据图书信息找到相应的书卡和借阅证，并填好相应的还书信息，这样还书过程就完成了。

以上所描述的手工过程不足之处显而易见，首先处理借书、还书业务流程的效率很低，其次处理能力比较低，一段时间内，所能服务的读者人数是很有限的。利用计算机来处理这些流程无疑会极大地提高效率和处理能力。我们将会看到排队等候借书、还书的队伍不再那么长，工作人员出错的概率也小了，读者可以花更多的时间在选择书和看书上。

为方便对图书馆书籍、读者资料、借还书等进行高效管理，特编写该系统以提高图书馆的管理效率。使用该程序之后，工作人员可以查询某位读者、某种图书的借阅情况，还可以对当前图书借阅情况进行一些统计，给出统计表格，以便全面掌握图书的流通情况。

（1）图书管理信息系统的需求分析。需求分析是在于要弄清用户对开发的数据库应用系统的确切要求。数据库系统设计的第一步是明确数据库的目的和如何使用，也就是需要从数据库中得到哪些信息。明确目的之后，就可以确定需要保存哪些主题的信息（表），以及每个主题需要保存哪些信息（表中字段）。

要设计一个有效的数据库，必须用系统工程的观点来考虑问题。在系统分析阶段，设计者和用户双方要密切合作，共同收集和分析数据管理中信息的内容和用户对处理的要求。

根据系统分析，图书管理信息系统的功能模块设计如下：

本系统是图书管理信息系统一个简单实例。本系统主要由系统管理、图书管理、借书证管理、借书和还书操作、报表打印等模块组成。各个功能模块介绍如下：

① 系统管理模块。在这个模块中可以进行修改密码、添加用户等操作。

② 图书管理模块。在这个模块中可能设置图书分类信息，添加和修改图书。

③ 借书证管理模块。在这个模块中可以对借书证进行添加和修改，并且可以设置每个借书证的借书上限和逾期一天不还书的罚金。

④ 基本业务操作模块。在这个模块中可以完成书籍查询、借书、还书操作。

⑤ 报表打印模块。在这个模块中可以打印图书信息、读者信息、借出书籍信息等。

图书管理信息系统的系统功能结构图如图 14.1 所示。

（2）图书管理信息系统的数据库设计。系统数据库名称为 BookMIS，数据库中包括：①图书信息表（Book）；②借出图书信息表（BookFf）；③管理员信息表（Pass）；④读者信息表（Personal）；⑤图书类型信息表（Type）。下面列出各个表的数据结构，如表 14.1 ~ 表 14.5 所示。

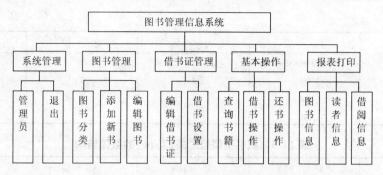

图 14.1  图书管理信息系统功能结构图

**表 14.1  图书信息表（Book）的数据结构**

| 字 段 名 | 类 型 | 大 小 | 空 值 | 描 述 |
|---|---|---|---|---|
| 图书编号 | nvarchar | 10 |  | 图书编号 |
| 书名 | nvarchar | 30 | Y | 书名 |
| 作者 | nvarchar | 10 | Y | 作者 |
| 价格 | real | 4 | Y | 价格 |
| 类别 | nvarchar | 10 | Y | 类别 |
| 出版社 | nvarchar | 30 | Y | 出版社 |
| 出版日期 | smalldatetime | 10 | Y | 出版日期 |
| 登记日期 | smalldatetime | 10 | Y | 登记日期 |
| 是否借出 | bit | 1 | Y | 是否借出 |

**表 14.2  借出图书信息表（BookFf）的数据结构**

| 字 段 名 | 类 型 | 大 小 | 空 值 | 描 述 |
|---|---|---|---|---|
| 借书证号 | nvarchar | 10 | Y | 借书证号 |
| 姓名 | nvarchar | 10 | Y | 姓名 |
| 图书编号 | nvarchar | 10 | Y | 图书编号 |
| 书名 | nvarchar | 30 | Y | 书名 |
| 价格 | real | 4 | Y | 价格 |
| 类别 | nvarchar | 10 | Y | 类别 |
| 出版社 | nvarchar | 30 | Y | 出版社 |
| 借出日期 | smalldatetime | 10 | Y | 借出日期 |

**表 14.3  管理员信息表（Pass）的数据结构**

| 字 段 名 | 类 型 | 大 小 | 空 值 | 描 述 |
|---|---|---|---|---|
| 名称 | nvarchar | 15 | Y | 名称 |
| 密码 | nvarchar | 15 | Y | 密码 |
| 权限 | nvarchar | 15 | Y | 权限 |

**表 14.4  读者信息表（Personal）的数据结构**

| 字 段 名 | 类 型 | 大 小 | 空 值 | 描 述 |
|---|---|---|---|---|
| ID | int | 4 |  | 读者 ID 号 |
| 借书证号 | nvarchar | 10 | Y | 借书证号 |
| 姓名 | nvarchar | 10 | Y | 姓名 |
| 性别 | nvarchar | 2 | Y | 性别 |
| 班级 | nvarchar | 15 | Y | 班级 |
| 部门 | nvarchar | 15 | Y | 部门 |
| 已借数量 | Int | 4 | Y | 已借数量 |

续表

| 字 段 名 | 类 型 | 大 小 | 空 值 | 描 述 |
|---|---|---|---|---|
| 登记日期 | smalldatetime | 10 | Y | 登记日期 |
| 可借数量 | Int | 4 | Y | 可借数量 |
| 借书总数 | Int | 4 | Y | 借书总数 |
| 罚款金额 | float | 8 | Y | 罚款金额 |

**表 14.5　图书类型信息表（Type）的数据结构**

| 字 段 名 | 类 型 | 大 小 | 空 值 | 描 述 |
|---|---|---|---|---|
| 分类号 | int | 4 | | 图书类型 ID 号 |
| 类别 | nvarchar | 20 | Y | 类别 |
| 借出天数 | nvarchar | 10 | Y | 借出天数 |

**2. 图书管理信息系统的程序开发**

（1）图书管理信息系统的文件架构图：为了使读者理解本系统，这里给出一个文件构架图，用来表明 Visual Basic 程序中各个窗体的作用及其相互之间的关系，系统主文件架构图如图 14.2 所示。

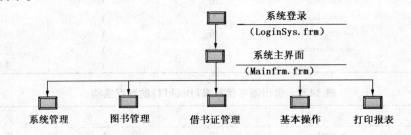

图 14.2　主文件架构图

各个模块的文件架构图如图 14.3 所示。

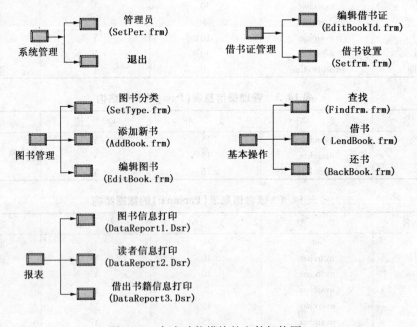

图 14.3　各个功能模块的文件架构图

（2）系统基本处理流程：系统的基本处理流程是根据不同的身份的用户可进行的操作不同，处理流程如图 14.4 所示。

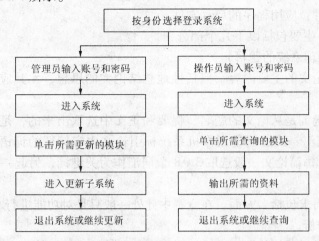

图 14.4　各个功能模块的文件架构图

（3）图书管理信息系统实现：在前面的任务中，已经学习了实现信息管理系统所需要的知识与技能，对于此系统，这里主要介绍几个重要模块的实现过程，因为 VB 编程的过程中用到了很多 ActiveX 控件，所以在编程以前要添加这些部件，具体的如图 14.5 所示。功能实现参考任务五至任务十三即可。

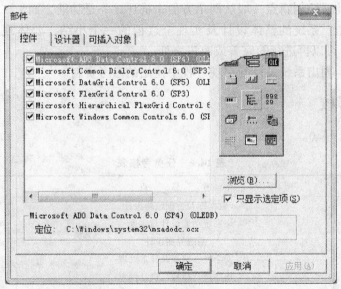

图 14.5　系统实现需要添加的部件

**3. 图书管理信息系统的开发文档**

根据"管理信息系统"竞赛要求，系统的文档主要包括两部分，一个是说明文档，另一个是设计文档。由于篇幅有限，在此主要描述两种文档需包括的主要内容。

（1）说明文档：

① 系统概述：对系统进行系统开发的背景，系统开发的目的和意义，系统设计的原因等内容的描述。

② 开发工具：系统开发所使用的开发工具主要包括功能实现工具与数据库设计工具。

③ 运行环境的配置：主要包括硬件环境，软件环境，以及系统运行的配置过程。

④ 目录结构：系统的组织结构，用图表示比较直观。

⑤ 系统启动文件：应用程序的启动文件。

（2）设计文档：主要包括以下几个部分：

① 题目（信息管理系统的题目）。

② 摘要。就是论文的主要内容，概括性地总结论文的思想，尤其应在摘要写出论文对该课题的创新之处。

③ 关键词。关键词是从论文的题名、提要和正文中选取出来的，是对表述论文的中心内容有实质意义的词汇。关键词是用作机系统标引论文内容特征的词语，便于信息系统汇集，以供读者检索。每篇论文一般选取 3~8 个词汇作为关键词，另起一行，排在"提要"的左下方。

④ 需求分析。需求包括多方面，在竞赛中此处一般只是对功能进行功能需求进行分析，确定后进行可行性分析。

⑤ 总体设计。包括系统的概要设计、详细设计以及系统架构等内容。

⑥ 数据库和表结构设计。根据分析设计并实现数据库及表结构的设计。主要分析并设计系统中包含的数据表及结构、关系等。

⑦ 系统开发的关键技术。系统在开发实现过程中所用到的关键技术：主要包括实现的工具、数据库环境的选择以及比重要思想与技术。

⑧ 创新点。此系统创新点一般从两个方面来描述，一是功能方面，二是技术方面。

⑨ 总结与展望。系统的整体设计及实现全过程的一个小结，要体现所做的主要工作，系统存在的不足，可以再进行的完善或改进之处。

⑩ 参考文献。列出系统设计与实现过程中使用的参考资料。

# 四、任务考核

任务考核见表 14.6。

表 14.6　任务考核表

| 序　号 | 考　核　点 | 分　值 |
|---|---|---|
| 1 | 数据库及数据结构设计 | 10 分 |
| 2 | 系统功能设计与实现 | 40 分 |
| 3 | 系统界面设计 | 10 分 |
| 4 | 安全性、错误及异常处理 | 10 分 |
| 5 | 程序设计技巧、设计创意 | 10 分 |
| 6 | 系统文档 | 10 分 |
| 7 | 使用者满意度 | 10 分 |

# 五、技能扩展

### 题目：本科生毕业论文管理系统

本部分给出某省大学生"创新杯"计算机应用能力竞赛"信息系统设计"竞赛题目："本科生毕业论文管理系统"根据黄河大学毕业论文（设计）工作流程图及相关表格（见附件），要求设计一个本科生毕业论文管理系统。

系统基本要求：

（1）设计符合系统要求的数据库、表及表结构，尽量减小数据冗余度；

（2）合理划分功能模块，实现毕业论文（设计）领导小组、指导教师基本信息、学生基本信息、选题审批表、选题统计表、开题报告、指导教师评阅意见表、评阅教师评阅意见表、答辩记录表、鉴定表、成绩登记表、毕业论文（设计）正文、优秀本科毕业设计（论文）推荐表、优秀本科毕业设计（论文）优秀指导教师推荐大哥、毕业论文（设计）复查及整改记录表和毕业论文（设计）工作总结等的录入、修改、删除、查询和统计功能，并完成用户管理和数据的备份与恢复功能；

（3）毕业论文（设计）按中英文对题目、作者、学院、指导教师、摘要、关键词进行管理，正文以 word 文档或 PDF 文档进行管理；

（4）按学生、学院教学秘书、主管教学院长、学校教务处和系统管理员划分系统的使用权限。系统管理员具有使用系统全部功能的权限。其他用户按工作范围使用系统的部分功能；系统管理员为"admin"，密码为"123456"；

（5）界面良好，使用方便，具有容错功能和帮助功能；

（6）系统中应至少包含 5 名学生的毕业论文信息，测试数据应符合系统测试基本要求。

说明：

作品必须包含作品说明文件和设计文档。

作品说明文件的主要内容包括：开发环境，开发工具和数据库管理系统、运行环境和配置，目录结构，系统启动文件等。

设计文档的主要内容包括：题目、摘要、关键词、需求分析、总体设计、数据库和表结构设计、系统开发关键技术、作出创新点、总结与展望、参考文献等。评分标准见表 14.7。

表 14.7　评分标准

| 序　　号 | 考　核　点 | 分　　值 |
|---|---|---|
| 1 | 数据库及数据结构设计 | 10 分 |
| 2 | 系统功能设计与实现 | 40 分 |
| 3 | 系统界面设计 | 10 分 |
| 4 | 安全性、错误及异常处理 | 10 分 |
| 5 | 程序设计技巧、设计创意 | 10 分 |
| 6 | 系统文档 | 10 分 |
| 7 | 使用者满意度 | 10 分 |
| 总　　分 | | 100 分 |

# 附　　件

## 附件1：黄河大学本科毕业论文（设计）
## 工作流程图及相关表格

黄河大学本科毕业论文（设计）工作流程图：

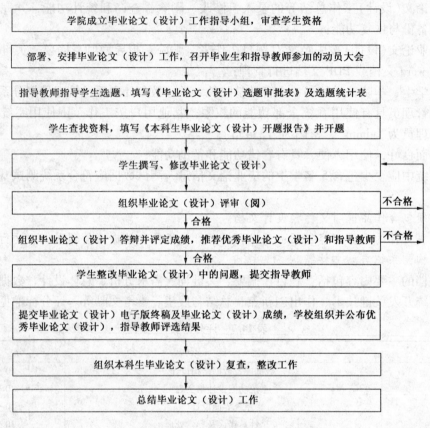

### 黄河大学本科毕业论文（设计）材料袋

题目：_____　专业：_____　班级：_____

学院：_____　指导教师：_____　职称：_____

姓名：_____　学号：_____

### 材料目录

| 序　号 | 材　料　名　称 | 数　量 | 是否具备 |
|---|---|---|---|
| 1 | 毕业论文(设计)选题审批表 | 1 | |
| 2 | 毕业论文(设计)开题报告 | 1 | |
| 3 | 毕业论文(设计)鉴定表 | 1 | |
| 4 | 毕业论文(设计)正文 | 1 | |
| 5 | 毕业论文(设计)指导教师评阅意见表 | 1 | |
| 6 | 毕业论文(设计)评阅教师详阅意见表 | 1 | |
| 7 | 毕业论文(设计)答辩记录表 | 1 | |
| 8 | 毕业论文(设计)复查、整改记录表 | 1 | |

归档时间：2011 年　月　日　　　　　　　　　　　　　　　　教学秘书签字：

## 本科生毕业论文(设计)存档文件清单

| 表格名称 | 提交人 | 要　　求 | 中期检查材料 |
|---|---|---|---|
| 毕业论文(设计)选题审批表 | 指导教师 | 学院留存 | |
| 毕业论文(设计)开题报告 | 指导教师 | 学院留存 | |
| 学院毕业论文(设计)评审具体标准 | 学院 | 报教务处备案，同时学院留存 | |
| 答辩工作安排 | 学院 | 答辩前1周报教务处，同时学院留存 | |
| 优秀毕业论文(设计)推荐表 | 推荐人 | 报教务处(打印稿)，同时学院留存 | |
| 优秀指导教师推荐表 | 学院 | 报教务处(打印稿)，同时学院留存 | |
| 优秀毕业班论文(设计)推荐总表 | 学院 | 报教务处(打印稿)，同时学院留存 | |
| 毕业论文(设计)成绩表，综合考试成绩表 | 学院 | 报教务处(电子版，打印稿)，同时学院留存 | |
| 毕业论文(设计)工作总结 | 学院 | 报教务处，同时学院留存 | |
| 毕业论文(设计)材料袋 | 学院 | 学院留存 | |

## 201____届本科生毕业论文(设计)选题审批表

| 毕业论文(设计)题目 | | | | |
|---|---|---|---|---|
| 指　导　教　师 | | | 职　　称 | |
| 学　生　姓　名 | | 专业、班级 | | 学　号 |
| 题　目　来　源 | | | 资金来源 | |

内容概要：(包括研究目的，意义，主要内容及预期目标等)

| 要求查阅的文献资料 | | | |
|---|---|---|---|
| 根据大纲要求选择要完成的项目(选中标√) | 开题报告(　)；文献综述(　)；实习记录(　)；论文(设计说明书)(　)其他 | 论文(设计)开始日期 | |
| | | 论文(设计)完成日期 | |
| 系(教研室)主任审批意见 | 签字：　　年　月　日 | 主管院长审批意见 | 签字：　　年　月　日　(学院盖章) |

"题目来源"结合实际解决生产单位实际工程问题的填写"A"；来自于生产实际已解决了的问题，重新让学生进行模拟的填写"B"；来自科研项目的全部或部分研究内容，是结合科研任务进行的填写"C"；其他题目的填写"D"。

## 201____届本科生毕业论文(设计)选题统计表

学院(盖章)　　　　　　　　　　　　　　　　　　　　　　专业_____

| 序　号 | 学　号 | 姓　名 | 毕业设计(论文)题目 | 题目来源 | 指导教师 | |
|---|---|---|---|---|---|---|
| | | | | | 姓名 | 职称 |
| | | | | | | |
| | | | | | | |
| | | | | | | |

"题目来源"结合实际解决生产单位实际工程问题的填写"A"；来自于生产实际已解决了的问题，重新让学生进行模拟的填写"B"；来自科研项目的全部或部分研究内容，是结合科研任务进行的填写"C"；其他题目的填写"D"。

## 201 ＿＿＿届本科生毕业论文（设计）报告

| 毕业论文（设计）题目 | | | | |
|---|---|---|---|---|
| 院（系） | | 专　业 | | |
| 指导教师 | | 职　称 | | |
| 姓名 | | 年　级 | 学　号 | |

一、立题依据（国内外研究进展或选题背景、研究意义等）

二、研究的主要内容及预期目标

三、研究方法、步骤（思路）

四、论文进度安排

五、主要参考文献

六、指导教师意见

指导教师签名：　　　　　　　　年　月　日

七、学院单核意见

（学院盖章）

负责人签名：　　　　　　　　年　月　日

注：纸页不够可附页。

## 201 ＿＿＿届本科生毕业论文（设计）指导教师评阅意见表

| 姓　　名 | | 专　业 | | |
|---|---|---|---|---|
| 毕业论文（设计）题目 | | | | |

| 评审项目 | 指　　标 | 分值 | 得分 |
|---|---|---|---|
| 工作量和工作态度 | 按期圆满完成规定的任务，难易程度和工作量符合教学要求，体现本专业基本训练的内容，工作认真，遵守纪律，作风严谨务实 | 20 | |
| 调查与资料查新 | 能独立查阅文献和调研；能正确翻译外文资料；能较好地完成文献综述；在综合、收集和正确利用各种信息的能力 | 10 | |
| 研究（实验）方案设计 | 研究（实验）方案设计科学合理，具体可行；能独立操作实验，数据采集、计算、处理正确；结构设计合理、工艺可靠、推导正确或程序运行可靠 | 20 | |
| 分析与解决问题的能力 | 能运用所学知识和技能获取新知识去发现与解决实际问题；能对课题进行理论分析，并得出有价值的结论 | 20 | |
| 论文（设计）质量 | 议论正确，论据充分，结论严谨合理；实验正确，分析、处理问题科学；综述简练完整，结构格式符合论文（设计）要求；文理通顺，技术用语准确，规范；图表完备、制图正确 | 20 | |
| 创新 | 具有创新意识；对前人工作有改进、突破，或有独特见解，有一定应用价值 | | |
| 合　　计 | | 100 | |
| 指导教师审查意见 | 签名：　　　　　　年　月　日 | | |

## 201____届本科生毕业论文(设计)评阅教师评阅意见表

| 姓 名 | | 专 业 | |
|---|---|---|---|

| 毕业论文(设计)题目 | | | | |
|---|---|---|---|---|

| 评审项目 | 指　标 | 分值 | 得分 |
|---|---|---|---|
| 选题 | 选题达到本专业教学基本要求,难易程序、工作量大小适中 | 20 | |
| 综述材料调查论证 | 根据课题任务,能独立查阅文献和从事有关调研,有综合归纳,利用各种信息能力,开题认证较充分 | 20 | |
| 设计、推导与认证 | 方案设计合理,具有可操作性;推导正确,计算准确,结构合理,工艺可行;图样绘制与技术要求符合国家标准及要求 | 40 | |
| 论文(设计)质量 | 论点明确,论据充分,结论正确,条理清楚,文理通顺,用语符合技术规范,图表清楚,书写格式规范 | 10 | |
| 创新 | 对前人工作有改进,突破,或有独特见解;有一定应用价值 | 10 | |
| 合　　计 | | 100 | |

| 评阅教师简短评语 | | | |
|---|---|---|---|

签名:　　　年　月　日

## 201____届本科生毕业论文(设计)答辩记录表

学院:(盖章)

| 题　目 | | | | |
|---|---|---|---|---|
| 完成人 | | 专业 | | 学号 | |
| 指导教师 | | 评阅人 | | |
| 完成时间 | | 答辩时间 | | |
| 答辩地点 | | | | |

| 答辩小组组成 | | 姓名 | 职称 | | 从事专业 | |
|---|---|---|---|---|---|---|
| | 组长 | | | | | |
| | | 姓名 | 职称 | 从事专业 | 姓名 | 职称 | 从事专业 |
| | | | | | | | |
| | | | | | | | |
| | | | | | | | |
| | 秘书 | | | | | | |

| 序　号 | 评审项目 | 指　标 | 分　值 | 平均得分 |
|---|---|---|---|---|
| 1 | 报告内容 | 思路清新;语言表达准确,概念清楚,论点正确;实验方法科学,分析归纳合理;结论严谨,论文(设计)有应用价值 | 40 | |
| 2 | 报告过程 | 准备工作充分,具备必要的报告影像资料;能在规定时间内完成报告陈述 | 10 | |
| 3 | 答辩 | 回答问题有理论依据,基本概念清楚,主要问题回答简明准确 | 40 | |
| 4 | 创新 | 对前人工作有改进或突破,或有独特见解 | 10 | |
| 合　　计 | | | 100 | |

答辩简要情况:

答辩小组组长签字:　　　年　月　日

## 201＿＿＿届本科生毕业论文(设计)鉴定表

| 学　号 | | 姓　名 | | 性　别 | |
|---|---|---|---|---|---|
| 专　业 | | | | 班　级 | |
| 指导教师情况 | 姓名 | 学历 | 职称 | 从事专业 | |
| | | | | | |
| | | | | | |
| 实习地点 | | | | 实习时间 | |
| 毕业实习鉴定意见 | | 指导教师签名：　　　　　　年　月　日 | | | |
| 毕业论文(设计)题目 | | | | 答辩时间 | |
| 指导教师评阅成绩 | | | | 评阅教师详阅成绩 | |
| 答辩成绩 | | | | 综合成绩 | |
| 毕业论文(设计)成绩 | 优秀 | 良好 | 中等 | 合格 | 不合格 |
| | | | | | |
| 毕业实习工作领导小组审查意见 | | 主管领导签字：　　　(学院盖章)　　年　月　日 | | | |

备注：论文(设计)成绩：指导教师评阅成绩占30％，评阅教师评阅成绩占20％，答辩成绩占50％，按比例折算成绩并确定相应等级。

## 201＿＿＿届本科生毕业论文(设计)鉴定表

学院　(盖章)　　　　　　　　　　　　　专业＿＿＿＿＿＿＿

| 序　号 | 学　号 | 姓　名 | 毕业论文(设计)成绩 | 序　号 | 学　号 | 姓　名 | 毕业论文(设计)成绩 |
|---|---|---|---|---|---|---|---|
| | | | | | | | |
| | | | | | | | |
| | | | | | | | |
| | | | | | | | |

主管院长签字：＿＿＿＿＿＿＿＿＿＿＿　　　　　　　　　　年　月　日

## 201＿＿＿届本科生毕业论文(设计)鉴定表

| 论文题目 | | | | | |
|---|---|---|---|---|---|
| 学生姓名 | | 学号 | | 专业 | |
| 学　院 | | 指导教师 | | | |

学院说明：
(1) 对论文内容，论文质量，学术水平(含文字、图表、公式)的评价。
(2) 对论文具体说明推荐的理由。
(3) 推荐的论文稿件(指论文摘要稿，而非论文原稿同)是否符合编写规范要求。

推荐人意见：

推荐人签字：　　　　　　年　月　日

主管院长签字：　　　　　　年　月　日

附论文(设计)、选题审批表及论文鉴定表一份。

## 201＿＿＿届本科生毕业论文(设计)优秀指导教师推荐表

| 姓　名 | | 学　院 | |
|---|---|---|---|
| 职　称 | | 专　业 | |

毕业论文(设计)指导情况

| 学生姓名 | 班　级 | 毕业论文(设计)成绩 |
|---|---|---|
| | | |
| | | |
| | | |
| 主要工作成绩 | | |
| 学院意见 | | 推荐人签字：　　年　月　日 |

## 201＿＿＿届优秀本科生毕业论文(设计)推荐表

学院 (盖章)＿＿＿＿＿＿＿

| 序　号 | 学　院 | 专　业 | 学生姓名 | 题　目 | 指导教师 | 毕业设计(论文)成绩 |
|---|---|---|---|---|---|---|
| | | | | | | |
| | | | | | | |
| | | | | | | |
| | | | | | | |
| | | | | | | |

## 201＿＿＿届本科生毕业论文(设计)复查、整改记录表

学院：＿＿＿＿＿＿＿＿＿＿　　　　　　届别：＿＿＿＿＿＿＿＿＿＿＿＿

| 复查、修改时间 | | 复查人 | |
|---|---|---|---|
| 毕业论文(设计)题目 | | 撰写人 | |
| | | 指导教师 | |
| 主要问题及处理措施记录 | | 复查人签字：　　年　月　日 | |
| 毕业论文(设计)工作领导小组复核意见 | | 签字：　　年　月　日 | |

## 201＿＿＿届本科生毕业论文(设计)工作总结

| 学　院 | |
|---|---|

工作小结：

签字：　　年　月　日

## 附件 2

### 1. VB err. number 详细列表

可捕获的错误通常发生在应用程序运行时，但也有一些会发生在开发期间或编译时间。可使用 On Error 语句与 Err 对象来探测并回应可捕获的错误。1～1000 之间未使用的错误号都是保留给 Visual Basic 以后使用的。

| 错误号 | 说　明 | 错误号 | 说　明 |
|---|---|---|---|
| 3 | 没有返回的 GoSub | 371 | 指定的对象不能用作供显示的所有者窗体 |
| 5 | 无效的过程调用 | 380 | 属性值无效 |
| 6 | 溢出 | 381 | 无效的属性数组索引 |
| 7 | 内存不足 | 382 | 属性设置不能在运行时完成 |
| 9 | 数组索引超出范围 | 383 | 属性设置不能用于只读属性 |
| 10 | 此数组为固定的或暂时锁定 | 385 | 需要属性数组索引 |
| 11 | 除以零 | 387 | 属性设置不允许 |
| 13 | 类型不符合 | 393 | 属性的取得不能在运行时完成 |
| 14 | 字符串空间不足 | 394 | 属性的取得不能用于只写属性 |
| 16 | 表达式太复杂 | 400 | 窗体已经显示，不能显示为模式窗体 |
| 17 | 不能完成所要求的操作 | 402 | 代码必须先关闭顶端模式窗体 |
| 18 | 发生用户中断 | 419 | 允许使用否定的对象 |
| 20 | 没有恢复的错误 | 422 | 找不到属性 |
| 28 | 堆栈空间不足 | 423 | 找不到属性或方法 |
| 35 | 没有定义 | 424 | 需要对象 |
| 47 | DLL | 425 | 无效的对象使用 |
| 48 | 装入 | 429 | ActiveX 部件不能建立对象或返回对此对象的引用 |
| 49 | DLL | 430 | 类不支持自动操作 |
| 51 | 内部错误 | 432 | 在自动操作期间找不到文件或类名 |
| 52 | 错误的文件名或数目 | 438 | 对象不支持此属性或方法 |
| 53 | 文件找不到 | 440 | 自动操作错误 |
| 54 | 错误的文件方式 | 442 | 连接至型态程序库或对象程序库的远程处理已经丢失 |
| 55 | 文件已打开 | 443 | 自动操作对象没有默认值 |
| 57 | I/O | 445 | 对象不支持此动作 |
| 58 | 文件已经存在 | 446 | 对象不支持指定参数 |
| 59 | 记录的长度错误 | 447 | 对象不支持当前的位置设置 |
| 61 | 磁盘已满 | 448 | 找不到指定参数 |
| 62 | 输入已超过文件结尾 | 449 | 参数无选择性或无效的属性设置 |
| 63 | 记录的个数错误 | 450 | 参数的个数错误或无效的属性设置 |
| 67 | 文件过多 | 451 | 对象不是集合对象 |
| 68 | 设备不可用 | 452 | 序数无效 |
| 70 | 没有访问权限 | 453 | 找不到指定的 DLL |
| 71 | 磁盘尚未就绪 | 454 | 找不到源代码 |
| 74 | 不能用其他磁盘机重命名 | 455 | 代码源锁定错误 |
| 75 | 路径/文件访问错误 | 457 | 此键已经与集合对象中的某元素相关 |
| 76 | 找不到路径 | 458 | 变量使用的型态是 |

续表

| 错误号 | 说　明 | 错误号 | 说　明 |
|---|---|---|---|
| 91 | 尚未设置对象变量或 | 459 | 此部件不支持事件 |
| 92 | For 循环没有被初始化 | 460 | 剪贴板格式无效 |
| 93 | 无效的模式字符串 | 462 | 远程服务器机器不存在或不可用 |
| 94 | Null | 463 | 类未在本地机器上注册 |
| 97 | 不能在对象上调用 | 480 | 不能创建 |
| 298 | 系统 | 481 | 图片无效 |
| 320 | 在指定的文件中不能使用字符设备名 | 482 | 打印机错误 |
| 321 | 无效的文件格式 | 483 | 打印驱动不支持指定的属性 |
| 322 | 不能建立必要的临时文件 | 484 | 从系统得到打印机信息时出错。 |
| 325 | 源文件中有无效的格式 | 485 | 无效的图片类型 |
| 327 | 未找到命名的数据值 | 486 | 不能用这种类型的打印机打印窗体图象 |
| 328 | 非法参数，不能写入数组 | 520 | 不能清空剪贴板 |
| 335 | 不能访问系统注册表 | 521 | 不能打开剪贴板 |
| 336 | ActiveX | 735 | 不能将文件保存至 |
| 337 | 未找到 | 744 | 找不到要搜寻的文本 |
| 338 | ActiveX | 746 | 取代数据过长 |
| 360 | 对象已经加载 | 3021 | 对象' Value'的方法'Field'失败 |
| 361 | 不能加载或卸载该对象 | 31001 | 内存溢出 |
| 363 | 未找到指定的 ActiveX 控件 | 31004 | 无对象 |
| 364 | 对象未卸载 | 31018 | 未设置类 |
| 365 | 在该上下文中不能卸载 | 31027 | 不能激活对象 |
| 368 | 指定文件过时，该程序要求较新版本 | 31032 | 不能创建内嵌对象 |
| 31036 | 存储到文件时出错 | 31037 | 从文件读出时出错 |

## 2. VB 控件常用属性

| 属　性 | 说　明 |
|---|---|
| Name | 控件的名称 |
| Alignment | 设置 Caption 属性文本的对齐方式，取值为：0 左对齐 、1 右对齐、2 中间对齐 |
| AllowAddNew | 允许添加交互纪录。取值为：True 或 False |
| AllowArrows | 允许使用网络导航的箭头键。取值为：True 或 False |
| AllowDelete | 允许删除交互纪录。取值为：True 或 False |
| AllowUpdate | 允许或禁止纪录更新。取值为：True 或 False |
| Appearance | 外观效果，取值为：0 平面、1 3D(立体) |
| AutoRedraw | 是否自动刷新或重画窗口上所有图形［获得或设置从绘图（graphics）方法到一个持久性位图的输出］，取值为：True 或 False |
| AutoSize | 控件对象的大小是否随标题内容的大小自动调整，取值为：True 是、False 否 |
| BackColor | 背景颜色，可从弹出的调色板选择 |
| BorderColor | 画线的颜色(对象的边框颜色)，可从弹出的调色板选择 |
| BorderStyle | 设置边界类型，取值为：0 None(无边界框架)、1 FixedSingle(窗口大小固定不变的单线框架)、2 Sizable(窗口大小可变的标准双线框架)、3 FixedDialog(窗口大小固定的对话框窗体)、4 FixedTool-Window(窗口大小固定的工具箱窗体)、5 Sizable ToolWindow(窗口大小可变的工具箱窗体) |
| BorderWidth | 画线的宽度(控件的边框宽度) |
| Caption | 窗体的标题 |

| 属　　性 | 说　　明 |
|---|---|
| CheckBox | 获得或设置是否在日期的左边显示复选框。不选时，没有日期被选定。取值为：True 或 False |
| ConnectionString | 支持连接字符串的 OLEDB 提供程序（打开属性页——通用） |
| ConnectionTimeout | 在中止前等待打开连接的时间量（单位秒） |
| ControlBox | 是或有控制框，取值为：True 有、False 无 |
| CursorLocation | 决定时使用服务器端游标还是客户端游标（使用哪个游标引擎）。取值为：2 adUseServer、3 adUseClient |
| CursorType | 设置用于下一级 recordset 的游标类型。取值为：1 adOpenKeyset、2 adOpenDynamic、3 adOpenStatic |
| DatabaseName | 获得或设置一个数据控件的数据源的名称和位置 |
| DataField | 获得或设置一个值，将控件绑定到当前记录的一个字段 |
| DataMember | 获得或设置一个值，为数据连接描述数据成员 |
| DataSource | 设置一个数值，指出数据控件通过它将当前控件绑定到数据库 |
| Defaule | 设置该命令按钮是否为窗体默认的按钮。取值为：True 用户按下 Enter 键，就相当单击该默认按钮 |
| DrawStyle | 设定绘图相关方法使用的直线样式，有 7 种可选：0 实线，此为默认值、1 虚线、2 点线、3 单点划线、4 双点划线、5 无线、6 内部实线 |
| Enabled | 是或把鼠标或键盘事件发送到窗体，取值为：True 可用、False 不可用 |
| FillStyle | 填充样式，有 8 种可选：0 全部填充、1 透明，此为默认值、2 水平直线、3 竖直直线、4 上斜对角线、5 下斜对角线、6 十字线、7 交叉对角线 |
| Font | 字型，可从弹出的对话框选择字体，大小和风格 |
| ForeColor | 前景颜色，可从弹出的调色板选择 |
| HeadFont | 指定标头和标题字体。可从弹出的对话框选择字体，大小和风格 |
| Height | 窗体的高度 |
| Hidden | 是否显示隐含文件，取值为：True 或 False |
| Icon | 为窗体设计图标，该图标位于标题栏的左端 |
| Index | 在对象数组中的编号 |
| Interval | 获得或设置两次调用 Timer 控件的 Timer 事件间隔的毫秒数 |
| LargeChange | 用于设置单击滚动条中间区域时，每单击一次滚动条移动的数量 |
| Left | 距离容器左边框的距离 |
| List | 项目列表（获得或设置控件的列表部分中包含的项） |
| ListCount | 返回列表框中项目的数目。该属性是一个只读属性，不能在属性窗口中设置，只能在程序运行时访问它 |
| ListIndex | 该属性是一个只读属性，不能在属性窗口中设置，一般在程序运行中设置或返回控件中当前选中项目的索引 |
| Locked | 设置文本框的内容是否可以编辑 |
| Min | 定义 Value 属性值的最小值 |
| Max | 定义 Value 属性值的最大值 |
| MaxButton | 窗体右上角最大化按钮是否显示，运行时只读，取值为：True 显示、False 不显示 |
| MaxLength | 获得或设置 Text 属性中所能输入的最大字符输 |
| MaxRecords | 当打开时取回的最大记录数 |

续表

| 属　性 | 说　明 |
|---|---|
| MDIChild | 是否为 MDI 窗体的子窗体，取值为：True 为 MDI 窗体的子窗体、False 否 |
| MinButton | 窗体右上角最小化按钮是否显示，运行时只读，取值为：True 显示、False 不显示 |
| MousePointer | 设置光标在控件内时的形状，有 16 种值：0 至 15 如果是 99 可自定义 |
| Moveable | 是否可以移动窗体，取值为：True 可以移动、False 不可以移动 |
| MultiLine | 设置文本框对象是否可以输入多行文字 |
| Normal | 是否显示普通文件，取值为：True 或 False |
| Options | 获得或设置一个值，指定控件的 Recordset（记录集）属性中 Recordset 对象的一个或多个特性 |
| Password | 密码 – 支持密码的 OLEDB 提供程序。（打开属性页——身份验证） |
| PasswordChar | 该属性将文本显示的内容全部改为所设置的内容。他常用于设置密码，如 PasswordChar 设定为" ＊"，那么无论用户输入什么字符，都只显示" ＊" |
| Path | 选中的路径 |
| Pattern | 显示文件的类型 |
| Picture | 窗体背景图片 |
| ReadOnly | 是否显示只读文件，取值为：True 或 False |
| RecordsetType | 获得或设置一个值，指出所需的 Recordset（记录集）对象类型，这些对象类型由数据控件创建。取值为：0 Table、1 Dynaset、2 Snapshot |
| RecordSource | 获得或设置一个的底层表、SQL 语句或 QueryDef 对象。当 DefaultType 属性设置为 0——使用 ODBC 时不可使用 |
| RemoteHost | 获得或设置远程计算机 |
| RemotePort | 获得或设置远程计算机上要使用 internet 的端口 |
| RowHeight | 指定所有网格行的高度 |
| RowMember | 获得或设置 RowSource 的数据成员名 |
| RowSource | 返回或设置列表项数据源 |
| ScaleHeight | 自定义坐标系的纵坐标轴的高度 |
| ScaleLeft | 自定义坐标系的左边界起点的横坐标 |
| ScaleTop | 自定义坐标系的上边界起点的纵坐标 |
| ScaleWidth | 自定义坐标系的横坐标轴的宽度 |
| SelLength | 返回或设置选定文本的长度（字符数）<br>该属性没有列在属性窗口中，但在程序中可以使用这些属性 |
| SelStart | 返回或设置选定文本的起始位置，如果没有文本被选中，则指出插入点的位置 |
| SelText | 返回或设置选定文本，如果没有字符串被选中，则为空字符串 |
| Shape | 指定控件的外观，有 6 种可选：0 矩形、1 正方形、2 椭圆、3 圆、4 圆角矩形、5 圆角正方形 |
| SmallChange | 用于设置单击滚动条两端箭头时，每单击一次滚动条移动的数量 |
| Sorted | 是否以字母顺序排列项目。取值为：True 或 False |
| SortKey | 获得或设置当前排序的关键字 |
| SortOrder | 获得或设置列表项是否按升序或降序排列。取值为：0 lvwAscending、1 lvwDescending |
| SourceDoc | 获得或设置当创建对象时的文件名 |
| SourceItem | 获得或设置当创建一个可链接对象时，被链接文件内的数据 |

续表

| 属　　性 | 说　　明 |
| --- | --- |
| StartUpPosition | 窗体第一次出现的位置，有 4 种可选：0 没有指定初始位置、1 设定在所属项目的中央、2 设置在屏幕的中央、3 设置在屏幕的左上角 |
| Stretch | 该属性用于设置由 Picture 属性设定的图片是否随着控件的大小自动调整其大小，图形的伸展可能导致图象质量的降低 |
| Style | 设置对象的外观形式，取值为：0 Standard（标准，标准风格）、1 Graphical（图形，带有自定义图片） |
| System | 是否显示系统文件，取值为：True 或 False |
| TabAcrossSplits | 允许 Tab 和箭头键越过拆分边界。取值为：True 或 False |
| Tag | 存储程序所需的附加数据 |
| Text | 显示的文本内容 |
| ToolTipText | 设置该对象的提示行 |
| Top | 窗体距屏幕顶部边界的距离 |
| Value | 获得或设置单选钮处在什么状态。取值为：True 选中、False 未选中 |
| Visible | 窗体是否可见，取值为：True 该对象可见、False 该对象不可见 |
| Width | 窗体的宽度 |
| WindowStart | 获得或设置一个窗体窗口运行时的可见状态，取值为：0 窗体正常状态、1 窗体最小状态、2 窗体最大状态 |
| WordWrap | 获得或设置一个值，决定控件是否扩大以显示标题文字。取值为：True 或 False |

# 参 考 文 献

1　白晓勇，余健等编著. Visual Basic 课程设计案例精编. 北京：清华大学出版社，2007.

2　王春才，高春艳，李俊民编著. Visual Basic 数据库系统开发完全手册. 北京：人民邮电出版社，2006.

3　王学军，李静主编. Visual Basic 程序设计. 北京：中国铁道出版社，2010.

4　李天真，李宏伟编著. Visual Basic 程序设计项目教程. 北京：科学出版社，2009.

5　陆汉权，冯晓霞主编. Visual Basic 程序设计教程. 杭州：浙江大学出版社，2006.

6　崔武子，朱立平，乐娜等编著. Visual Basic 程序设计. 北京：清华大学出版社，2006.

7　徐谡主编. Visual Basic 应用与开发案例教程. 北京：清华大学出版社，2005.

8　田春婷主编. Visual Basic 程序设计综合教程. 北京：化学工业出版社，2007.

9　龚沛曾，陆慰民. Visual Basic 程序设计教程(6.0 版). 北京：高等教育出版社，2000.

10　盛明兰主编. Visual Basic 程序设计学习指导教程. 北京：清华大学出版社，2008.

11　谭小丹，刘国庆主编. Visual Basic 6.0 数据库编程思想与实践. 北京：冶金工业出版社，2002.

12　郑海春，谢维成主编. Visual Basic 编程及实例分析教程. 北京：清华大学出版社，2007.

13　宋汉珍，王贺艳主编. Visual Basic 程序设计. 北京：机械工业出版社，2008.

14　范慧琳，冯姝婷，洪欣主编. Visual Basic 程序设计案例教程. 北京：清华大学出版社，2008.

15　刘凡馨编著. Visual Basic 程序设计教程. 北京：清华大学出版社，2007.

16　王学军，李静主编. Visual Basic 程序设计. 北京：中国铁道出版社，2010.